认识海洋·中国海洋意识教育丛书

● 总主编/盖广生

冰雪极地

青岛出版集团 | 青岛出版社

认识海洋·中国海洋意识教育丛书

编 委 会

海洋比陆地更宽广，覆盖着 70% 以上的地球表面积，容纳着地球上最深的地方，见证着沧海桑田的变迁，对地球生态系统的平衡和人类的发展有着不容忽视的影响力。因此，认识海洋、掌握海洋知识显得尤为重要。本套《认识海洋》科普丛书旨在向青少年普及基本的海洋知识，激发青少年对海洋的热爱和探索之情，让青少年树立热爱海洋、保护海洋的意识。

《认识海洋》科普丛书共有 12 个分册，分门别类地对海洋进行了全面、系统的介绍。本丛书通俗易懂、图文并茂，实现了精神食粮和视觉盛宴的完美结合。本丛书内的《回澜·拾贝》栏目则是对知识点的拓展和延伸，在进一步诠释主题、丰富读者知识储备的同时，提升读者的阅读趣味，使读者兴致盎然。

《冰雪极地》里有你从未涉足的神奇世界。无边无际的冰雪，滴水成冰的气温，漫长寒冷的黑夜，经久不落的太阳，绚丽多变的极光……在这样奇幻、恶劣的环境中，"海洋之舟"企鹅在嬉戏，"北极霸主"北极熊在玩耍，"海洋音乐家"白鲸在欢唱……这是何等壮美而神奇的景象！还等什么，让我们踏上极地，与科学家一起展开探索吧！

浩瀚的海，壮阔的洋，自由的梦。让我们一起走进美妙的海洋世界，学习海洋知识，感受海洋魅力，珍惜海洋生物，维护海洋生态平衡，用实际行动保护海洋。

CONTENTS **目录**

CONTENTS 目录

PART 1

认识极地

　　极地位于地球的南北两端，是被冰雪覆盖的神奇地区。在这里，你将见识到各种珍稀的极地生物，领略到极寒的气候，欣赏到美妙的极光，探索到丰富的极地矿藏……让我们跟着图书的指引，一起来认识极地吧。

神奇的地区——南极和北极

南极与北极分别位于地球的南端和北端，因为独特的地理位置而拥有与众不同的景观。南极和北极有着极端的气候，居住着神奇的生物，蕴藏着丰富的宝贵资源。

极 点

极点是地球自转轴与地球表面的两个交点，分别位于地球的南北两端。南极点上没有东、南、西3个方向，只有北方1个方向。北极点上只有南方1个方向。极点是经线汇集的地方，位置非常特殊，所以从极点到赤道的经线距离相等。

极 圈

极圈分为南极圈和北极圈，南极圈是南纬66° 34′纬线圈，北极圈是北纬66° 34′纬线圈。极圈是地球上划分气候带的界线，南极圈是划分南温带与南寒带的界线，北极圈是划分北温带与北寒带的界线。

南北两极对比

	南 极	北 极
位 置	地球的最南端，在南极圈内	地球的最北端，在北极圈内
主体部分	南极洲	北冰洋
周 边	为太平洋、大西洋、印度洋所包围	为北美洲、亚洲、欧洲所环抱
极昼、极夜现象	有极昼、极夜现象	有极昼、极夜现象
面 积	约1400万平方千米（包括南极大陆及其周围岛屿）	约2100万平方千米（包括北冰洋及陆地部分）
居住人群	无世代居住于此的居民，多数居住者为科学考察者	有世代居住于此的居民

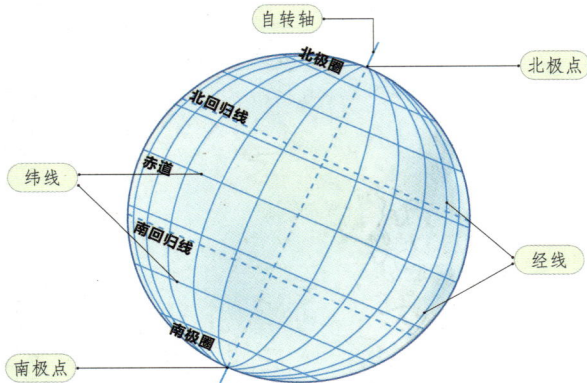

两 极

在地理学上，南极、北极指南、北地极和南、北磁极。人们所说的南极通常指地球的最南端，包括南极点、南极大陆、南极洲等多种含义。地球南纬90°处对应的点是南极点，其附近的大陆被称为"南极大陆"，南极大陆与其周围的岛屿统称"南极洲"。北极一般是指北极圈以内的广大区域，也被称为"北极地区"。北极地区包括极区北冰洋、边缘陆地海岸带和岛屿、北极苔原以及最外侧的泰加林带等。

南极大陆

南极大陆也被称为"第七大陆",是人类在地球上最后发现的一片大陆,也是地球上唯一没有人类长期居住的大陆。这里面积广阔,是一个童话般的冰雪世界。南极大陆平均海拔约为2350米,空气非常稀薄,是地球上最寒冷的地区,也是风力最大的地区。

多彩南极

南极地区虽然没有人类长期居住,却生活着多种多样的生物,有体形巨大的蓝鲸、身形似小虾的磷虾,还有可爱的企鹅、凶猛的海豹、奇特的海狗等。此外,南极还赐予人类丰富的矿产,等着人类合理地开发与利用。

神奇北极

北极有浩瀚的北冰洋，还有众多岛屿，是地球上人口最稀少的地区之一。北极地区常年寒冷，气候干燥，因而植被稀少，但这里生活着很多动物，有北极的神圣化身——北极熊，还有驯鹿、麝牛、北极狼、北极狐等众多哺乳动物，更少不了多样的鱼类、奇特的海鸟。

因纽特人

北极熊

北极狐

北极狼

回澜·拾贝

罗尔德·阿蒙森　第一位成功通过西北航道的人，也是第一位到达南极点的人。

因纽特人　北极地区的常住居民。

南大洋　太平洋、大西洋和印度洋南部围绕着南极洲的海域。

极地的气候

独特的地理位置给极地带来了与众不同的气候。南极、北极气温很低，降水稀少，风力强劲，具有典型的寒带气候。

两极气候类型

南极、北极的气候主要包括冰原气候和苔原气候。南极以冰原气候为主，终年被冰雪覆盖，寒风凛冽，几乎没有植被，有极昼、极夜现象；北极以苔原气候为主，年平均气温低于0℃，最热月份的刁平均气温高于0℃，主要生长着苔原植物。

冰原气候

苔原气候

两极气候变化特点

科学家从不同角度研究发现，南北两极的气候变化基本表现为相反的趋势：北极地区温度升高，南极洲和南大洋的大部分区域温度就会降低；反之，如果北极地区变冷，南极地区温度则会升高。

南极气候

　　南极是地球上最冷的地区，其大部分地区的年平均气温通常在 −25℃ 以下。这主要是由于南极接收到的太阳辐射很少，同时以白色基调为主的南极大陆吸收太阳辐射的能力较弱，而且极地上空空气稀薄，无法阻碍地面反射出的辐射波，造成地表能量快速散失，气温降低。南极地区没有四季之分，只以寒季和暖季加以区分。南极气候的三大特点是酷寒、干旱、烈风。

白色沙漠

　　南极处于高纬度地区，常年寒冷，水很难以液体形态存在，而固体形态的水极难蒸发，难以在空气中形成水蒸气，从而不能形成降水。南极的年平均降水量一般为 30 ~ 50 毫米，南极点附近仅有 3 毫米左右。稀少的降水量使南极成为地球上最干燥的大陆，南极也因此被人们称作"白色沙漠"。

风暴之极

　　南极大陆海拔高，四周环海，陆地气温又远低于海洋，陆地与海洋上空的气压差较大，因此经常出现呼啸的狂风，是名副其实的风暴之极。南极的狂风可以轻松地将考察站的大油桶吹到千米之外，甚至会掀翻机场上的飞机。

北极气候

　　北极地区有漫长而寒冷的冬季，即使在稍纵即逝的夏天气温也较低。北极地区大部分地表白雪茫茫，部分地区还常年冰封。由于北冰洋的存在，相对温暖的海水使得北极的气候比南极的气候温和许多，全年最冷的时候在 1 月，平均气温在 -30℃ ~ -40℃ 之间。北极地区降水量不大，但由于北冰洋的原因，这里并不干燥，风速也不像南极那样强劲。

北极的科学考察站

　　为了观测北极的气候变化和在北极地区展开科学考察，苏联于 1937 年在北极建立了第一个漂浮观测站。随后，美国和加拿大也相继在北极建立观测站。2004 年，中国在北极建立了黄河站，这是中国的第一个北极科学考察站。如今，北极地区的观测站多达数百个。

回澜·拾贝

　　南极的劲风　　法国迪维尔科学考察站曾在南极观测到100米/秒的飓风，其风速约是12级台风的3倍，是目前世界上观测到的最大风速。

法国迪维尔科学考察站

极地的季节

在地球上，赤道附近没有明显的季节变化，温带则有明显的四季划分，南北两极的季节划分则独具特点。北极分为四季，不同季节差异显著；南极没有四季划分，只分为寒季和暖季。

南极的两季

南极处于地球高纬度地区，获得的太阳照射很少，95% 以上的地表被冰雪覆盖。在这样一个冰天雪地的世界，4 月到 10 月是寒季，11 月到次年 3 月是暖季。

南极两季差异

南极寒季期间，气温可低至 -70℃，极点附近会出现极夜，整片大地会被黑暗和寒冷笼罩，但南极的上空常出现绚丽多彩的极光，为漫长的极夜增添无限神秘；暖季期间，极点附近出现极昼，气温略有回升，但很少超过 0℃。在这样极端的环境中，仍有少数坚强的苔藓类植物和生命力顽强的动物生活在南极大陆上。

北极四季

北极与南极不同，有四季之分，且冬季漫长，春、夏、秋三季较短。每年的 11 月至次年 4 月是北极漫长的冬季，在此期间有极夜现象；5 月到 6 月是春季，此时气温回升，冰雪消融，大部分动物开始繁衍；7 月到 8 月是北极温暖的夏季，在此期间植物开花结果，动物尽享充足的食物；9 月初，北极开始进入秋季，气温降低。

回澜·拾贝

南极气温特点　南极常年低温，最低气温出现在7月，最高气温出现在1月。

极光　出现于星球高磁纬地区上空的一种绚丽多彩的发光现象。

极昼和极夜

在神奇的极地，会有一段太阳永不落下的光明期和一段太阳永不升起的黑暗期，这就是所谓的"极昼"和"极夜"。极昼和极夜是极圈内特有的自然现象，是由于地球的运行而形成的。在极昼和极夜期间，为适应特殊的昼夜变化，极地的生物会有很多种有趣的生活方式。

午夜太阳——极昼

极昼又称"永昼"或"午夜太阳"。在极昼期间，太阳永不沉落。北半球春分过后，北极极点附近开始出现极昼，夏至时极昼覆盖地区范围达到最大，此后范围逐渐缩小；北半球秋分过后，北极地区不再有极昼，而此时南极开始出现极昼。北半球冬至时，南极极昼覆盖地区范围达到最大，随后范围逐渐减小；至北半球春分时，南极极昼现象消失。由于极昼期间始终是白天，午夜时刻依旧阳光灿烂，人们不得不采取措施遮挡光线，以获取休息时间。

圣彼得堡白夜

在仲夏时节，位于北纬 60° 附近的圣彼得堡白天持续约 20 个小时，这种现象要持续半个月左右。

长久黑夜——极夜

极夜又被称为"永夜"。在极夜期间，天空不会出现太阳。极夜的形成规律与极昼相同，太阳直射点在北半球时，南极地区就会出现极夜；太阳直射点在南半球时，北极地区就会出现极夜。在漫长的极夜期间，人们大部分时间可以看见月亮在天际游荡，北极地区的一些城市整天都会灯火通明。

极昼、极夜的成因

极昼、极夜的出现与地球的运行有关。地球在绕太阳公转时，还在自转。在地球自转时，地轴与地球绕太阳公转轨道的垂线之间形成一个倾斜角，因而便出现南极与北极总有一极背向太阳、一极面向太阳的状态，这便产生了极昼与极夜现象。

极昼、极夜出现的规律

南、北两极的极昼、极夜交替出现。在极圈内的地区，不同纬度的极昼和极夜的出现时间及持续时间不同。在两极极点附近的地区，极昼、极夜的持续时间为半年左右；在两极极圈附近的地区，极昼、极夜的持续时间为 1 天左右。

极昼、极夜对人们生活的影响

极昼、极夜现象严重扰乱了极地地区人们的生物钟，使人们的生活变得很不规律。在漫长而寒冷的极夜期间，户外非常寒冷，漆黑一片，人们的活动场地从室外转移到室内。长期的黑暗和受限制的室内生活常常使人们烦躁、焦虑，所以很多北极居民选择外出旅游避过极夜。在极昼期间，太阳始终高挂天空，人们难以入眠，北极地区的土著居民在极昼的长期影响下甚至形成了睡眠少的习惯。

动物如何应对极昼、极夜

在漫长的极昼期间，动物会积累足够的能量，并高效率地养育后代。当极夜到来时，部分动物选择迁徙，留下来的动物大多靠自身极昼期间储存的能量度过漫长的黑夜。

南极大陆的轮虫在极夜期间可以不吃不喝休眠4个月；冰雪藻为了生存下去，依靠自身颜色变换吸收不同波长的光进行光合作用；南极洲的湖藻在极夜来临前会充分吸收白昼的阳光，不断进行光合作用，储存能量，在极夜期间就停止光合作用，靠吸收自身储存的有机物维持代谢，保证其生长发育。

回澜·拾贝

特罗姆瑟 挪威最北的城市之一，被称作"北极之门"，每年5月1日至7月23日出现极昼现象。

中山站 中国在南极洲建立的科学考察站之一，有极昼和极夜现象，极昼持续约54天，极夜持续约58天。

美妙的极地风光

　　说起地球两极，人们总会联想到冰天雪地。其实，南极与北极的风采远不止这些。两极地区有神奇的极昼、极夜现象，有雄伟壮观的冰川，还有可爱的北极熊和肥嘟嘟的企鹅等奇特的生物，更有绚丽的极光，绝对让你大开眼界。

初识冰山

　　冰山是漂浮在深海或搁浅在浅海的巨大冰块，通常高出海面。它们原本是极地陆架冰或大陆冰川的一部分，离开主体后就会在海洋中漂荡游动，并把大部分冰体藏在水面以下，仅有少部分冰体露出海面，仿佛海洋中的幽灵。冰山不仅可以随着海流到处漂移，还可以进行翻转表演呢！

冰山一览

　　冰山的形态丰富多样，给人以无限遐想。在格陵兰的一座冰山则呈现出一个奇特的人脸形象；更加神奇之处在于，它处在一座冰山的末端，而这座冰山位于峡湾的末端，水变浅后冰山就会翻过来，人脸形状就会迅速消失，就像变魔术。

幻日现象

　　南极会有多个太阳同时出现的奇观，这就是幻日现象。1997年，中国南极中山站就出现过幻日现象。幻日现象是由于大气中无数的冰晶体受到阳光的照射后发生折射，从而出现多个太阳的现象。实际上，幻日现象中只有中间的太阳是真实的。幻日现象的形成对环境要求很高：首先，要有高层云，这样才可以形成冰晶；其次，云层透光性要强，这样能够让太阳光线折射出来。太阳光线经过晶体时，可以折射出漂亮的彩色弧光，即幻日弧光。

魔幻极光

　　极光是大自然赋予南极与北极的童话般的梦，其绚丽的色彩让人痴迷。在漫长的极夜中，极光的出现会打破极地的黑暗，让天空绽放异彩。极光形态多变，常见的形式有带状、弧状、幕状、放射状，变幻莫测。极光是由于地球磁层或太阳的高能带电粒子流激发高层大气分子或原子而形成的。

会唱歌的冰块

　　把南极或北极的冰川冰放进一杯水中，冰块在融化的时候会发出美妙的声音，像唱歌一样；同时冰块还会在水面游动，仿佛一个舞者。出现这种现象的原因很简单：冰川冰中含有气体，冰块融化时，高压气泡破裂发出声音，同时推动冰块移动。

乳白天空

乳白天空是极地的一种天气现象。发生这种现象时，天地相连无法分辨，目之所及尽是白色，人们在这种环境里常产生错觉，迷失方向。之所以产生这种现象，是因为太阳光射到冰层后又反射到云层里，云层中的雪粒又将光线再次反射……经过多次反射就会形成天地茫茫的乳白天空。

南极企鹅

企鹅是南极非常常见的动物，善于游泳，被誉为"海洋之舟"。企鹅背部呈黑色，腹部是白色，不能飞翔。它们的脚长在身体最下部，平时呈直立姿态，脚趾间有蹼，前肢像鱼鳍一样，羽毛短，耐寒能力强，能在 –60℃ 的严寒中生活、繁殖。在陆地上，企鹅走起路来一摇一摆，憨态可掬；可是在水里，企鹅的游速一般可达每小时 25 ～ 30 千米，一天可以游约 160 千米。

北极熊

北极熊又名"白熊"，是世界第二大陆地食肉动物（第一大陆地食肉动物是科迪亚克岛棕熊），被称为"北极的守护者"。北极熊体形巨大，性情凶猛，身体通常为白色，有的也呈黄色。北极熊的嗅觉极为灵敏，是犬类的 7 倍，奔跑时最快速度可达每小时 60 千米。

回澜·拾贝

皇帝企鹅 即帝企鹅，在企鹅家族中体形最大。

体积最大的动物 蓝鲸是已知的地球上现存体积最大的动物，在各大洋中都有分布。

丰富的极地矿藏

南极和北极非常富饶，在冰雪之下储藏着丰富多样的矿藏。据统计，南极洲蕴藏的矿物有220余种；北极的矿产种类繁多，储量丰富。毫无疑问，南极与北极是人类的资源宝库。

北极的煤炭

北极煤炭储量惊人。阿拉斯加北部有着丰富的煤炭资源，地质学家估计此处煤炭存储量在4000亿吨左右。其中，布鲁克斯山脉的西缘地带有可能是世界上最集中的特大煤田。西伯利亚的煤炭储量更是巨大，可能超过全球煤炭储量的一半。北极的煤纯净、炼焦质量高，可直接作为能源和工业原料。

北极的石油

北极地区蕴藏着大量的石油资源，据估计可采石油储量为1000亿～2000亿桶。勘探活动最活跃的地区是北冰洋的加拿大海域，探明储量最多的是波弗特海。北极的大型油田较多。例如：1968年发现的普鲁度湾油田，有90亿～100亿桶可采原油；库帕鲁克油田日产原油高达400万桶。

北极的矿产

北极除了具有储量丰富的石油和煤炭，还蕴藏着大量其他矿产资源。在俄罗斯摩尔曼斯克州内分布着世界级的科拉半岛大铁矿，这座铁矿向人类供应了大量的铁矿资源。金矿、金刚石矿以及各种稀有金属矿也在这里被发现，储量相当可观。此外，北极地区还蕴藏着大量的放射性元素，具有一定的战略性意义。

科拉半岛

科拉半岛大部分在北极圈内，北部和中部分布着一些低山，南部为平原地区，西部有高海拔山脉。岛上有丰富的矿产资源，如磷灰石、铁矿石、钛矿等矿藏。

南极铁矿

铁矿是南极大陆已发现的储量最大的矿产资源，主要分布在南极大陆东部。地质学家在鲁克尔山勘探到的条带状含铁层证明该地区铁矿蕴藏量丰富，初步估算可供全世界开发利用200年，鲁克尔山也因此被称为"南极铁山"。

南极有色金属

南极除了储量巨大的铁矿，还蕴藏着丰富的有色金属资源。考察人员在南极洲勘探到的矿床有 900 处以上，包括南极半岛的铜、钼、金、银、铬、镍和钴等矿床，横贯南极山脉地区的铜、铅、锌、银、锡和金等矿床，东南极洲的铜、银、锡、锰、钛和铀等矿床。

南极煤仓

南极大陆煤储量非常丰富，而且许多煤层直接露出地表。南极探险家可以直接用这些露出地表的煤做饭、取暖。目前，在南极大陆勘探到的煤田主要分布在南极横贯山脉以及埃尔斯沃思山区，其中横贯山脉的煤田可能是世界上最大的煤田。据地质学家估计，南极大陆蕴藏的煤超过 5000 亿吨，是大自然赐予人类的宝贵财富。

回澜·拾贝

诺里尔斯克 北极圈内最大的工矿业城市，有世界最大的铜—镍—钚复合矿基地。

南极主权 《南极条约》规定南极洲只用于和平目的，表明南极洲不属于任何国家，资源为全人类所共享。

诺里尔斯克

独特的极地风情

南极的自然条件严酷，除了科考人员和捕鲸队，几乎没有人在那里居住。与之相比，北极地区更具人文风情。千百年来，因纽特人在北极繁衍生息，他们的风土人情成为北极的一大特色。

用冰雪建造房子

北极地区气候寒冷，地面上经常覆盖着厚厚的冰雪。在寒冷的冬季到来之前，生活在极地的因纽特人会就地取材，用冰雪建造起房子。他们先将厚厚的雪加工成一块块呈长方体的"冰砖"，然后以水为黏合剂将"冰砖"一块块垒起来。不一会儿，他们就会建造起冻结成整体的雪屋。

交通工具

传统的因纽特人以捕猎为生，过着迁徙的生活。夏季，他们经常徒步旅行，让狗来驮负东西。冬季，大地被冰雪覆盖，他们会用木质的雪橇在大地上活动。此外，因纽特人还制作了一种奇特的"皮划艇"，喜欢划着皮划艇"乘风破浪"，捕捉猎物。

回澜·拾贝

雪屋 雪屋的墙壁厚厚的，缝隙被冻结得非常严密，能够把寒风拒之门外。此外，冰和雪的导热性较差，隔热性能显著，雪屋里的热量几乎不会跑到屋外。所以，雪屋里面相对温暖。

感知南极

南极是地球上最寒冷的地区。但是，可爱的企鹅在这里已安家千万年，呆萌的海豹将这里作为大本营，长翼信天翁在这里的天空中翱翔，巨大的鲸类在这里的海洋中嬉戏，美丽的磷虾在这里的冰层下闪闪发光……南极生机盎然，美妙神奇！

初识南极

南极洲面积广大，分为东南极洲和西南极洲两部分。这里气候寒冷干燥，冰雪储量惊人，分布着众多冰架，生活着企鹅、蓝鲸、苔藓等极地生物。

广阔南极

南极洲分东、西两部分：东南极洲从西经30°一直延伸到东经170°，南极极点就位于东南极洲；西南极洲位于西经50°~160°之间。整个南极洲几乎是一片冰封大陆，周围分布着诸多岛屿。南极大陆及其岛屿的总面积约为1400万平方千米，约占地球陆地面积的10%，面积居于地球各大洲第5位。

冰雪世界

南极大陆几乎完全处在冰雪覆盖之下，冰雪储量约占全球冰雪总量的90%，是世界上最大的淡水库。南极的冰川数量众多，包括世界著名的罗斯冰架和菲尔希纳冰架。南极洲附近有10多座冰障，其中罗斯冰障长达900千米。

冰障

冰障是冰河流入海洋过程中形成的位于南极大陆边缘、与大陆相连的浮动冰层。

恶劣的自然条件

南极大陆是地球上最干燥的大陆，被人们称为"白色荒漠"，年平均降水量仅有 30～50 毫米，极点附近几乎无降水。南极气候较北极地区要冷得多。南极洲是世界上最冷的陆地，年平均气温约为 –25℃。科学家曾在南极洲监测到 –93.2℃ 的低温。

活跃于冰天雪地的生物

虽然南极地区自然条件恶劣，但它却是很多生物繁衍生息的家园。苔藓和藻类等低等植物是冰天雪地里的植物强者；鲸、海豹和企鹅等是南极世界的常住居民；贼鸥、信天翁等鸟类则是南极天空的主人。此外，南极海域里还生活着很多磷虾和奇特的鱼类。

回澜·拾贝

世界上最大的冰川 兰伯特冰川是世界上最大的冰川，位于一条长400千米、宽64千米、最深约为2500米的巨大断陷谷地中。

横贯南极山脉 总长度约为3500千米，从维多利亚地延伸到威德尔海，是地球上最长的山脉之一，将南极洲分为东南极洲与西南极洲。

冰火两重天的南极大陆

南极大陆是著名的冰雪世界，但很多人不知道它其实是冰火两重天的神奇世界——在南极的厚厚冰层下有炽热的火山。

两千年前的火山爆发

2004—2005 年，英国南极考察队使用雷达探测南极大陆时，发现在哈得孙山冰层下矗立着一座岩石山。科学家认为此地在 2000 多年前曾有过火山爆发。

冰雪世界的烈焰

位于南极洲东北部的南设得兰群岛中有一座欺骗岛。1967 年 12 月 4 日，欺骗岛福斯塔湾北端海底突然喷出烈焰。炽热的岩浆淌满冰封的大地，浓烟升腾到几百米的高空，海岛上所有的建筑物被摧毁。火山喷发结束后，福斯塔湾内隆起了一个新的小岛，岛上地表处处升腾着水蒸气。

南极的温泉

欺骗岛是南极洲的活火山之一。在欺骗岛福斯塔湾北端有多处温泉。那里是南极唯一能够进行海水温泉浴的区域，也是南极旅游不可错过的精彩之地。

雪地里的"千层饼"

南极地区的冰盖或冰川下有许多仍在散发热量的火山，其中的一些火山还在往外散发蒸气，偶尔会喷出火山灰。火山散发的蒸气遇冷凝结成固体并越积越高，形成了主要由冰雪和火山灰相间组成的锥状山丘，就像千层饼一样。

回澜·拾贝

埃里伯斯火山空难 1979年11月28日，新西兰航空公司的一架飞机在埃里伯斯火山的山坡上坠落，机上257名旅客全部罹难。

冰层融化 除了全球气候变暖，火山的频繁爆发也是冰层融化加速的原因之一。

南极绿洲

南极绿洲是指南极大陆上没有被冰雪覆盖的露岩地区。南极科考人员长期在颜色单调的白色冰雪世界工作，所以露岩地区在他们看来格外特别，就像冰天雪地里的点缀。因此，他们把这些地区称为"南极绿洲"。

绿洲成因

南极绿洲面积约占南极洲面积的 5%。这些绿洲分布在南极火山附近，如麦克默多绿洲就在著名的埃里伯斯火山附近。科学家认为：火山喷发带来的地热活动是形成绿洲的重要原因。此外，太阳辐射和岩石的颜色也是绿洲形成的不容忽视的影响因素。南极半岛中的绿洲地处极圈外，能够接受长时间的日照，且这里的赤褐色火成岩能够吸收大量热量。这些都为植物生长提供了适宜的温度。

小区域，大角色

南极绿洲虽然面积不大，却在南极大陆担任着不可小觑的大角色。南极绿洲附近的水域营养物质丰富，浮游植物众多，为南极食物链的形成打下了基础。在南极东部地区，大部分阿德利企鹅以绿洲为家。绿洲的自然环境在很大程度上会影响周边企鹅种群的发展。

美丽的湖泊

在南极班戈绿洲中，一些沙丘间的谷地积水形成了美丽的湖泊。这些湖泊犹如镶嵌在大地上的宝石，引人注目。较深的湖泊在阳光的照射下仿佛天蓝色的珍贵宝石；较浅的湖泊在晴天则泛出淡绿色或褐绿色的光芒，十分吸引人。

回澜·拾贝

南极绿洲区域　南极可称作绿洲的区域主要有班戈绿洲、麦克默多绿洲和南极半岛绿洲等。

班戈绿洲的发现　1974年2月，美国一架飞机经过南印度洋沿岸上空时，领航员班戈发现下面有一片无雪的土地，后将其命名为"班戈绿洲"。

南极之最

南极作为地球上的"白色沙漠",是人类最难接近的大陆,也是地球上唯一没有人类长久定居的大陆。这片与世隔绝的神奇土地上蕴藏着人们意想不到的惊喜,还有多个让人大开眼界的世界之最。

最冷的气候

南极是地球上最寒冷的地区,这里夏季的气温与北极冬季的气温相近。南极洲的年平均气温要比北极低20℃左右。2010年8月,科学研究卫星数据记录到了东南极洲 -93.2℃的低温,这是目前为止地球上所监测到的最低气温。

最丰富的海洋资源

南极地区有着广袤的海洋,是地球上海洋生物资源比较丰富的地区。南大洋里生活着大量的海豹、鲸、鱼类和磷虾等生物,被人们看作蛋白质资源库。这是南大洋赐予人类的重要海产资源。据估计,仅南极磷虾的蕴藏量就有4亿~6亿吨。人类每年可从南大洋捕获数量可观的海产资源,而且基本不会影响南极生态系统的平衡。

最高的海拔

南极大陆平均海拔约为2350米，是世界上海拔最高的大陆。南极大陆的最高山峰文森峰海拔约为5140米。南极大陆覆盖着厚实的大冰盖，冰盖最大厚度约为4800米，平均厚度约为2200米。这些冰盖为南极的高海拔作了非常重要的"贡献"。

南极洲最高峰——文森峰

最大的冰雪量

南极大陆是冰川最多的大陆，因而也被称为"冰极"。南极地区的极寒气候使南极洲保存了世界上最大量的冰雪。如果南极的冰雪全部融化，全球的海平面将升高约60米，地球上许多土地将变成一片汪洋。

回澜·拾贝

最早的南极科考站 建成于1904年2月的阿根廷奥长达斯站是南极最早的科学考察站。

暴风雪之家 南极是世界上风力最大的大陆，沿海地区的年平均风速为17～18米/秒，最大风速约为100米/秒，因此南极被人们称为"暴风雪之家"。

居住在南极的生物

南极大陆气候寒冷，常年被冰雪覆盖。在这样的条件下，松萝、苔藓等植物却顽强地生存着，成为冰雪世界中的点点翠绿。实际上，南极大陆是一个巨大的生物乐园，生活着丰富多样的极地生物。

植物中的勇士

南极大陆不但降水稀少，而且气候酷寒，风力强大。能在这种自然条件下生存的植物都可称为"植物中的勇士"。南极已发现的植物中，有两种开花植物、350 余种地衣、370 多种苔藓以及一些藻类。

不同种类的地衣

冰雪天地的先锋植物

南极地衣能在极端恶劣的自然环境中生存。中国长城站所在的乔治王岛上分布着约 100 种地衣。南极夏季到来时，气温逐渐变暖，乔治王岛上的簇花松萝和南极松萝所覆盖的地表面积可形成大片的绿色草场。在海边岩石上分布着多种壳状地衣，有的长达 50 厘米以上，但生长速度缓慢。

多种多样的动物

　　南极地区的动物多种多样，有鸟类、哺乳动物、鱼类和浮游动物等。哺乳动物主要有鲸和海豹，它们在陆地周围的海水中觅食。其中，蓝鲸是目前世界上最大的动物。企鹅是南极的象征，以阿德利企鹅最为常见。除了企鹅，南极地区的海岛上还有信天翁、海鸥、贼鸥和燕鸥等鸟类。另外，在南极海域还生存着丰富的浮游动物及鱼类。浮游动物中磷虾的蕴藏量非常丰富。

回澜·拾贝

南极鱼类　南大洋的鱼类共有100多种，与其他大洋鱼类相比显得稀少，近表层鱼类更为缺乏。

南极海豹　南极地区约有3200万只海豹，约占世界海豹总数的90%，主要栖息在南大洋的海岸附近。

南极的象征——企鹅

　　企鹅是南极的象征，可以说是世界上最不怕冷的鸟类。企鹅全身羽毛密布，皮下脂肪厚达 2～3 厘米。这种特殊的生理构造使它们在 −60℃ 的冰天雪地中仍然能够生活和繁殖。

"不认识的鹅"

　　1520 年，历史学家皮加菲塔随麦哲伦船队在巴塔哥尼亚海岸遇到大群企鹅，便将它们称为"不认识的鹅"。直到 19 世纪，人们才发现真正生活在南极冰原的企鹅种类，并且相继给它们命名。例如：王企鹅被命名于 1844 年，斯岛黄眉企鹅被命名于 1953 年。

巴塔哥尼亚海岸

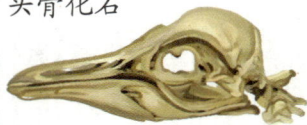

头骨化石

企鹅化石

　　1981 年，日本发现了一种类似企鹅的海鸟化石。专家认为这是一种生存在距今 3000 万年前的不会飞的原始企鹅，它们或许就是现代企鹅的史前祖先。

　　2010 年，科学家在秘鲁南部海岸发现了现已绝迹的企鹅的化石残骸，一种是身高至少达 1.5 米的巨型企鹅化石，另一种是身高约 0.9 米的热带企鹅化石。研究人员表示：这两种企鹅的化石残骸非常完整，是迄今为止发现的年代最久远的企鹅化石残骸。

羽毛化石

巨型企鹅遐想图

金图企鹅

帝企鹅

阿德利企鹅

企鹅的种类

全世界共有约 18 种企鹅，主要分布在南半球。在南极大陆生活的有帝企鹅、阿德利企鹅、金图企鹅、帽带企鹅、王企鹅、冠企鹅和马可罗尼企鹅 7 种，其余 10 多种企鹅主要分布在南半球其他大洲的海洋沿岸和岛屿上。

加拉帕戈斯企鹅

企鹅的分布

企鹅种类多样，不同种类的企鹅分布范围有所不同：汉波德企鹅、麦哲伦企鹅与黑脚企鹅分布在纬度较低的温带地区；加拉帕戈斯企鹅的分布地区接近赤道；帝企鹅和阿德利企鹅主要分布于接近极地的寒冷地区。在炎热的非洲大陆，南非旅游城市开普敦也生活着一些企鹅。

生活习性

在陆地上，企鹅大部分时间像人一般以双脚直立行走。但是，由于身体肥胖，它们走路时显得很笨拙。在冰天雪地里，企鹅用一种非常奇特的运动方式前进——向前俯伏，以腹部贴着冰面，并以双脚推动，快速前进。

不同种类的企鹅栖息场所不同：帝企鹅主要在冰架和海冰区栖息，阿德利企鹅和金图企鹅既可栖息在海冰上又可在露岩区生活，亚南极的企鹅则通常喜欢在无冰区的岩石上栖息。企鹅主要以南极磷虾为食，有时也捕食一些腕足类动物、乌贼和小鱼等。

保暖与散热

企鹅的大部分体表覆盖着防水羽毛，皮肤下还有由脂肪构成的隔热层。企鹅的羽毛和脂肪的保温性能非常高，能够让企鹅得以抵御南极的酷寒，但也会让企鹅在晴朗的日子体温过高。这时企鹅会通过没有羽毛和脂肪的喙与脚将热量散发出去，以保持体温的稳定。

海洋之舟

企鹅虽然是一种不会飞行的海鸟，但是游泳技能高超，有"海洋之舟"的美称。游泳时，企鹅的脚用来控制方向，而前进的力量则来源于那对船桨般的翅膀。企鹅的游速非常快：帝企鹅每小时可游约 10 千米；金图企鹅曾有每小时游 36 千米的纪录。企鹅也是鸟类中的潜水冠军，帝企鹅曾有潜水 22 分钟和潜入 550 米水深的纪录。

回澜·拾贝

倒刺　企鹅的舌头和上颌长有倒刺，以适应吞食鱼虾等食物，防止捕到的食物逃脱。这些倒刺并不是它们的牙齿。

企鹅之最　体形最大的企鹅是帝企鹅，身高约为90厘米；最小的企鹅是小蓝企鹅，身高约为40厘米。

企鹅帝王——帝企鹅

　　帝企鹅是企鹅家族中体形最大的种类，主要生活在南极大陆及其周围岛屿。在帝企鹅被发现之前，有一种企鹅被认为是最大的企鹅，被称为"国王企鹅"。后来，人们在南极大陆沿海发现了帝企鹅，由于它们比国王企鹅还高一头，因此给它们取名为"皇帝企鹅"或"帝企鹅"。

体态特征

　　帝企鹅一般身高在 90 厘米以上，有的甚至可以达到 120 厘米，体重一般在 45 千克左右。成年帝企鹅的腹部是乳白色的，背部及鳍状肢呈黑色，颈部为淡黄色，耳朵的羽毛为鲜橘黄色，鸟喙的下方是鲜橘色。雄帝企鹅双腿和腹部下方之间有一个布满血管、皮肤呈紫色的育儿袋，为企鹅提供了一个能够孵化企鹅宝宝的温暖空间。小帝企鹅身上长有浅灰白色绒羽，可御寒防风但不防水。防水的翎羽要等到它们快成年时才会长出来。

生活习性

　　帝企鹅活动范围较固定，常年往来于饮食区和繁殖区两个区域。在夏季，帝企鹅主要生活在海上，在水中捕食、游泳、嬉戏，一方面把身体锻炼得棒棒的，一方面吃饱喝足，养精蓄锐，迎接冬季繁殖季节的到来。帝企鹅通常以海中的鱼虾和小型动物为食。它们可以快速游动以捕获食物和躲避天敌，速度最快可达到每小时 19 千米。

奇特的繁殖方式

　　帝企鹅通常在南极寒冷的冬季繁殖后代，且繁殖方式较为奇特：雌企鹅只负责产蛋，而蛋的孵化则由雄企鹅完成。为了防止贼鸥的攻击，帝企鹅在冰上进行繁殖。孵蛋期间，为了抵御寒冷，雄企鹅会挤在一起，背风而立，不眠不休，非常专心。雄企鹅在孵蛋期间不吃不喝，靠消耗身体脂肪维持生命，脂肪层消耗高达 90% 左右。

回澜·拾贝

　　冬季繁殖　帝企鹅是唯一一种在冬季进行繁殖的企鹅。在南极冬季来临之前，为搬至繁殖区生活，成年帝企鹅要在南极浮冰区迁徙 50～120 千米。

　　寿命　在野生环境中，帝企鹅的寿命一般在10年左右，个别寿命可达20年。

　　天敌　南极巨海燕、豹形海豹、逆戟鲸、贼鸥和鲨鱼等都是帝企鹅的天敌。另外，雪地流浪犬在被清除出南极之前也是帝企鹅的一大天敌。

　　保护企鹅　企鹅的食物来源正在急剧减少，栖息环境正在恶化，保护企鹅刻不容缓。

冰下的游泳健将——阿德利企鹅

阿德利企鹅是南极大陆最常见的企鹅之一，是企鹅家族中的中小型种类。它们善于游水，虽然身形小，但具有一定的攻击性。

外形特征

阿德利企鹅眼圈为白色，头部呈蓝绿色，嘴为黑色，嘴角有细长羽毛，腿部较短，爪子为黑色。它们的羽毛由黑、白两色组成，头部、背部、尾部、翼背面、下颌都是黑色，其余部分均为白色。它们的舌头表面布满钉状倒刺，以适于取食甲壳类动物、乌贼和鱼类等。其尾部比其他企鹅的尾部稍长。

群居性

阿德利企鹅是群居动物，群体数量可达几十只到上百只。它们在海洋中越冬，春季到来时，就成群结队从大洋中越过浮冰直奔大陆进行繁殖。繁殖季节结束后，气温降低，海洋开始结冰，它们返回大洋准备越冬。

繁育

　　阿德利企鹅实行一夫一妻制，每年繁殖期通常是同一个配偶，夫妇双方凭借叫声找到对方。它们会用石子筑巢，方便孵卵时站立。雌企鹅通常每次产两枚蛋，但最后往往只有一只小企鹅成活。在养育企鹅宝宝期间，企鹅邻里之间有时会打架。此时企鹅宝宝可能会被打出巢穴。这时的企鹅宝宝还小，需要父亲来维持体温。若两位企鹅父亲还不停手的话，企鹅宝宝往往会被冻死。

残酷竞争

　　争夺食物的状况通常发生在拥有两只企鹅宝宝的家庭。当企鹅父母带着食物赶回家时，它们会故意奔跑，引诱小企鹅争夺食物。企鹅父母要比较两个孩子的强壮程度，从而判断哪只生存下去的概率高，并且喂食给它。落后的企鹅宝宝下一次必须努力追上，否则就得不到充足的食物，难以活过冬季。

回澜·拾贝

　　名字由来　阿德利企鹅的名字来源于南极大陆的阿德利地，此地是法国探险家迪蒙·迪尔维尔以其妻子的名字命名的。

　　种群现状　全球气候变暖导致南极降雪量增加，破坏了阿德利企鹅的栖息地，同时导致浮游生物的大量死亡，进而造成阿德利企鹅的食物锐减。如果全球气候短期内不能好转，阿德利企鹅或将从地球上消失。

绅士企鹅——金图企鹅

金图企鹅，即巴布亚企鹅，又名"白眉企鹅"，是体形仅次于帝企鹅和王企鹅的大型企鹅。

绅士装扮

成年的金图企鹅身高一般为 75 ~ 90 厘米，体重一般为 5.5 ~ 6 千克。金图企鹅头顶各有一条宽阔的白色条纹，眼睛上方各有一块明显的白斑，就像一条白色的眉毛，故称"白眉企鹅"。金图企鹅的嘴细长，喙和蹼呈橘红色。幼企鹅背部呈灰色，腹部呈白色。金图企鹅看起来清新秀丽，模样颇为可爱，被人们称作"绅士企鹅"。

繁殖方式

金图企鹅在每年 11 月来到栖息地建筑巢穴。巢穴一般由石头堆砌而成，高约为 20 厘米，直径约为 25 厘米，也有用草筑成的巢穴。南半球夏季到来时，雌性企鹅开始产卵，卵由雌雄企鹅轮流孵化。两者 3 天左右换班 1 次。孵卵期在 30 天左右，每次抚育两只小企鹅。小企鹅孵化出来后要 3 个月左右才能下水。在成长过程中，如果食物不充足就要遵从优胜劣汰的原则，更强壮的小企鹅才会生存下来。

栖息环境

金图企鹅主要栖息于南极半岛和南大洋的岛屿上，通常在近海较浅处觅食，有时也潜至海中百米深处，但潜水时间很少超过两分钟。它们主要捕食磷虾，有时也捕猎小型鱼类及鱿鱼。

回澜·拾贝

换羽 金图企鹅幼鸟前后换羽两次，这在企鹅中是独一无二的。

天敌 在海洋中，海狮、海豹和虎鲸均是金图企鹅的天敌；在陆地上，虽然成年的金图企鹅并不会受到威胁，但其他鸟类却会偷食它们的蛋和幼企鹅。

优雅的美人——王企鹅

王企鹅又称"国王企鹅"，体形仅次于帝企鹅，主要分布于南极大陆及其附近岛屿。

美人装扮

成年王企鹅身高在 95 厘米左右，外形与帝企鹅相似，身材比帝企鹅略苗条，形态优雅。王企鹅的嘴巴细长，头、喙、脖子等部位呈橘色。它们的胸骨具有发达的龙骨突起，前肢发育成适于划水的鳍，脚上带有蹼，羽毛呈鳞片状，排列致密，尾巴上的羽毛较短。它们独特的身体结构可以使其在冰面上快速滑行，躲避天敌。

生活习性

王企鹅是群居性动物，但常在海洋中分散行动，分成小群捕食。王企鹅作息时间不规律，白天、夜晚都有可能到海中捕食，主要捕食对象为甲壳类动物、小鱼和乌贼。

繁殖特点

　　王企鹅在南极大陆的冰上进行繁殖。雌企鹅在 11 月开始产卵，每次产 1 枚卵，然后就进入海洋，孵化任务由雄企鹅完成。雄企鹅孵卵时把卵放在脚上，由下腹部垂下的袋状皮褶覆盖脚面，营造温暖的孵化空间。孵化期约为 50 天，雄企鹅在此期间不吃不喝。待企鹅宝宝孵出后，雌企鹅返回原地，凭借叫声找到雄企鹅，然后雄企鹅外出捕食。

小企鹅的成长

　　破壳而出的王企鹅宝宝脖子很细，翅膀较大。它们不能捕食，以成年企鹅吐出来的食物为食。随着成长，小企鹅逐渐长胖，体表长出褐色羽毛。5 个月后，小企鹅可以到海洋里玩耍；10 ~ 13 个月后，它们才能独立生活。

回澜·拾贝

　　物种引进　2009 年 3 月 25 日，中国杭州极地海洋动物园引进了一对王企鹅，这是中国第一次引进王企鹅情侣。

　　栖息环境　王企鹅主要栖息在南极洲以及印度洋和大西洋南端的群岛上。

时髦的花花公子——马可罗尼企鹅

马可罗尼企鹅又名"长冠企鹅"，是企鹅家族中冠企鹅属的一种。它们面部呈黑色，头部各有两簇标志性的金黄色羽毛，造型浮夸，看起来像一个个时髦的花花公子。

浮夸的造型

马可罗尼企鹅成年后身高为 51 ~ 77 厘米，体重为 3.2 ~ 6.1 千克。它们全身以黑白色调为主，仿佛洁白的衬衫外披着黑色的大风衣。它们眼睛上方的头部都有两簇金黄色的羽毛，这是区别于其他企鹅的明显特征。它们的眼球呈橘红色，嘴粗而短，看起来庄严威武。

居住环境

马可罗尼企鹅态度高傲，不屑于和其他企鹅同住，通常在陡峭的山地上筑巢。同其他企鹅一样，马可罗尼企鹅不会飞行，经常需要从海边穿过碎石，摇摇摆摆走数百米才能回到自己的巢穴。

繁殖方式

马可罗尼企鹅没有固定的繁殖季节，但同一个种群会在同一时间进行繁殖。雌性 5 岁性成熟，雄性 6 岁性成熟。马可罗尼企鹅每年繁殖 1 次。繁殖期来临之前，雌企鹅会独自挖开一片低地作为巢穴，然后雌雄企鹅一起用卵石将巢穴围边。雌企鹅一般每窝产两枚蛋，企鹅夫妇常将较小的第一枚蛋置之不理，而是选择较大的第二枚蛋作为孵化的目标。

食　性

马可罗尼企鹅有高超的潜水本领，这对它们在海洋中游动捕食非常有利。马可罗尼企鹅主要以磷虾和小型鱼类为食，有时也捕食鱿鱼。

回澜·拾贝

通心粉企鹅　马可罗尼企鹅由于头顶上的羽毛类似意大利面，因此也被称为"通心粉企鹅"。

分布现状　马可罗尼企鹅目前约有2400万只，主要分布于南极半岛及亚南极地区。

石头收藏家——冠企鹅

冠企鹅是冠企鹅属的一种，主要生活在南极周围的寒冷海域。它们对石头情有独钟，喜欢生活在石头较多的地区，还经常把石头当作玩具，因此被人们称作"石头收藏家"。

滑稽外形

冠企鹅成年后身高为 44 ~ 49 厘米，是冠企鹅属中较小的一种。它们不仅身穿黑色礼服和白色衬衫，头部两侧还长着明亮的黄色羽毛冠。长长的羽毛冠一直奔拉到脖子上方，像弯弯的眉毛。这样的装扮让冠企鹅显得滑稽可爱。

生活特点

冠企鹅喜欢在石块密布的地带活动，衔石、啄石、玩石是它们的兴趣所在。它们还会用石头砌筑巢穴。冠企鹅脾气暴躁，经常攻击威胁到它们的人或动物。它们在大洋里越冬，春季返回栖息地进行繁殖，孵卵方式与大部分企鹅相似。

回澜·拾贝

攀越能手 冠企鹅走路时双脚往前跳，可以跳30厘米高，是企鹅中的攀越能手。

脾气暴躁的大块头——象海豹

象海豹是海豹家族中个头最大的一种，也是鳍足目中最大的种类。象海豹性情暴躁，战斗力强，发怒时会发出一阵又一阵狂野的吼声。

体态特征

象海豹外形呆萌可爱，脑袋又圆又大，面孔宽阔，两腮长着零星的胡须，眼睛圆鼓鼓的，眼睛上方各长着三四根又粗又硬的眉毛。它们用肚皮支撑身体，用不发达的前肢吃力地在海岸上移动。雌性象海豹体形较小，雄性象海豹则较庞大，身长可超过 6 米。它们长着能够伸缩的鼻子，兴奋或发怒时会张大鼻孔，绷紧肌肉，表情十分丰富。

分布范围

象海豹有南象海豹和北象海豹之分。南象海豹外表呈灰青色，主要分布在南半球的海洋中，常出没于南极大陆岸边及周边岛屿；北象海豹体色为褐色，有浅色斑点，主要分布于南美洲温带和热带地区，如墨西哥西部沿海地区。

生活习性

　　象海豹主要以小鲨鱼、乌贼和鳊鱼等为食，是一种群居性动物。在每年冬末时节，象海豹就会聚集于陆上繁殖地。在此之前，雄象海豹作为开路先锋先到达繁殖地去抢夺领地；雌象海豹则两周后登岸，寻求配偶。小象海豹诞生 1 个月后，就可以进入大海学习游泳和觅食本领。

回澜·拾贝

雌雄差别　雄性象海豹体长可超过6米，体重可达3吨以上；雌性象海豹体长只有雄性的一半。

南极的猛兽——豹形海豹

豹形海豹又名"豹斑海豹"，因颈部有像豹纹一样的黑色斑点而得名。这种海豹体形硕大，是南极地区仅次于象海豹的第二大海豹品种。它们凶猛残暴，胆大且好奇心强，是南极地区的凶猛猎手之一，处于南极食物链的顶端。

猛兽外形

豹形海豹通身呈灰色，腹部颜色略浅，颈部为白色且有类似于豹纹的黑色斑点。它们的身体呈流线型，头部偏大，有强壮且高度发达的前肢。它们的牙齿非常锋利，上下颌可以张开 160° 左右的角度；视觉和嗅觉高度灵敏。雌性豹形海豹一般比雄性大：成年雄性豹形海豹长约 2.8 米，而雌性豹形海豹可长达 3.5 米。

豹形海豹伤人事件

2003 年 7 月，一个来自英国南极考察队的海洋生物学家遭到豹形海豹攻击，最终丧命。

繁殖习性

豹形海豹一般生活在围绕南极洲的海洋中，栖息于粗糙的冰面或者岛屿上，喜欢独自行动，但在交配季节会聚集在一起。雌性豹形海豹常在冰上掘坑作为巢穴，经过 9 个月的妊娠期，在南半球的夏季产下幼海豹。

捕食特点

夏季是豹形海豹捕食猎物的最佳季节，在此期间它们几乎所有的时间都在海岸附近觅食。它们的食物主要包括企鹅及小型海豹，较小的豹形海豹也捕食磷虾、乌贼及鱼类。在食物来源比较少的冬季，它们主要以磷虾为食。豹形海豹性情凶悍，捕食企鹅时常静静地埋伏在冰架下，待成群的企鹅跳入水中时发动袭击。

回澜·拾贝

分布范围　豹形海豹主要生活于南极洲周边海域，在澳大利亚、新西兰、南美洲、非洲最南部及附近岛屿也有分布。

顶级杀手　豹形海豹凶狠残暴，除了捕食鱼类和乌贼，也吃企鹅和其他海豹，偶尔还会食用鲸鱼的尸体。

凿洞专家——威德尔海豹

威德尔海豹即韦德尔氏海豹，又称"威氏海豹"，由英国的南极航海探险家詹姆士·威德尔命名，主要分布于南极洲沿岸附近海域。

生活习性

威德尔海豹主要以鱼类、头足类等海洋动物为食，体长在3米左右，体重达300多千克，雌性体形大于雄性，背部呈黑色，其他部分颜色较背部略浅，体侧有白色斑点。威德尔海豹牙齿锋利，可用来啃冰钻洞，以便它们通过洞口进行呼吸，或钻出冰面。威德尔海豹一般独自居住，雌性多生活在冰面上，雄性多活动于海水中。

回澜·拾贝

海洋学家的"助手" 海洋学家利用威德尔海豹凿的冰洞进行海洋生态环境研究，节省了大量精力。

活化石 威德尔海豹是一种古老的生物，有"活化石"之称。它们曾被记载于亚里士多德的作品中，也是哥伦布在"新大陆"最先看到的海豹。

优胜者 威德尔海豹是长潜和深潜的能手，能潜到水下600米，并且能潜水1小时以上。

51

庞大的家族——食蟹海豹

食蟹海豹也叫"锯齿海豹"，广泛分布于南极大陆周围的浮冰上，游动迅速，是鳍脚类动物中数量最多的成员。

体态特点

成年食蟹海豹体长为 2.5 米左右，体重为 200 多千克，雌性略大于雄性。它们的体色以灰色为主，有时也呈淡红色，腹部皮毛颜色较浅，嘴脸偏长。

回澜·拾贝

常见误区 虽然它们被命名为"食蟹海豹"，但它们的主要食物并不是蟹，而是磷虾。

庞大家族 食蟹海豹是海豹中数量最多的一种，约占世界上海豹总数的85%。

生活习性

食蟹海豹主要以磷虾为食，潜海捕食期间常受到虎鲸的攻击。食蟹海豹在非繁殖期以独居为主，大型群体很少见。它们只有在繁殖期才会在栖息地组成家庭。雌性食蟹海豹两年性成熟，孕期可持续 9 个月，在冰上繁殖，每年仅产 1 胎。

不讲卫生的猛兽——南极海狗

南极海狗学名为"南极毛皮海狮"，主要分布于南极洲南乔治亚岛和南桑威奇群岛及其附近海域，具有高超的潜水技能。它们口臭严重，嘴里满是细菌，不讲卫生。南极海狗有着强烈的领地意识，会对侵犯者毫不留情地展开攻击。

外形特征

南极海狗外形像海狮，但它们通体长着粗毛和密厚的绒毛，脖子上的粗毛最长，背部呈深灰褐色，腹部颜色略浅。它们的额骨凸出，嘴唇宽厚但是很短，鼻子较短且前部呈喇叭形；牙齿虽小，但很锋利。

生活习性

南极海狗大部分时间在岸上休息、玩耍，饿了就会潜到海里捕食猎物。它们以磷虾为主食，也吃一些鱼类、乌贼和企鹅等。它们善于潜水，潜水纪录达 300 多米深。

繁殖特点

在春天繁殖期，大量南极海狗会聚集在繁殖地。雄性南极海狗会尽力捍卫领地，保卫雌性。一般来说，南极海狗幼崽在次年繁殖季节诞生，并由雌海狗哺育 3 个月后开始下海单独谋生。

环境变化产生的影响

科学家根据长期的跟踪研究发现：气候变化已经威胁到南极海狗的生存，导致它们生育期推迟、新生海狗体积变小等。近年来，南极海狗总数量呈下降趋势。人们应该提高环保意识，对这些可爱的动物加以保护。

回澜·拾贝

突变品种　平均1000只南极海狗中会出现1只金色的白化突变品种。

寿命　已知雌性南极海狗能活 23 年左右，雄性南极海狗可以活 13 年左右。

海洋中的巨无霸——蓝鲸

　　蓝鲸是一种海洋哺乳动物，是已知的地球上现存的体积最大的动物，分布于南北半球各大海洋中，在南极洲附近海域数量较多。随着浦鲸活动的开展，南极海域、东北太平洋和印度洋的蓝鲸数量已经大为减少。

身体形态

　　有的蓝鲸身长达到 33 米，体重超过 200 吨，就像在海洋里游动的小岛。蓝鲸身形修长，通常是青灰色的，在海水中看起来颜色会稍微淡一些。它们长着长约 4 米的鳍肢，背鳍非常小，但尾鳍非常宽大。它们的嘴巴很大，嘴里没有牙齿，但是有用来过滤海水的鲸须板。它们喜欢悠闲地在海洋里游来游去，有时会通过头顶上的喷气孔喷气而产生高高的水柱，非常有趣。

孤独的蓝鲸

　　蓝鲸大部分时间是孤独的，喜欢单独在海洋里游来游去，伙伴之间使用低频率的声音进行联系。偶尔也会出现 2 ~ 3 只蓝鲸一起活动的现象；3 只一起出现时，往往是雌鲸和幼鲸紧靠在一起，雄鲸尾随其后。

奇特的哺乳方式

　　蓝鲸在冬季繁殖，雌鲸 2～3 年生育 1 次，孕期为 10～12 个月，每胎产 1 头幼鲸。哺乳时，雌鲸游在海水上层，幼鲸紧跟在雌鲸后下方并用舌头卷住雌鲸细长的乳头。雌鲸凭借肌肉的收缩将乳汁喷射进幼鲸的嘴里。

捕食与呼吸

　　在南极，磷虾是蓝鲸的主要食物。一头蓝鲸每天食用 2～5 吨食物。蓝鲸白天在深水觅食，夜晚到水面觅食，觅食过程中每次潜水时间一般为 10 分钟左右。蓝鲸在潜水之前会将尾巴露出水面，平时也喜欢用尾鳍拍水消遣。同其他哺乳动物一样，蓝鲸也用肺呼吸。它们呼吸时先将废气从鼻孔排出体外，再吸进新鲜空气，呼气时因排气孔排气而产生的水柱高达 10 米左右。

回澜·拾贝

　　喷潮　　鲸类在换气时，由气孔排出的废气会带动气孔周围的海水喷出水面，这种现象被称作"喷潮"。

　　剃刀鲸　　蓝鲸整个身体呈流线型，看起来很像剃刀，所以又被称为"剃刀鲸"。

深海猎犬 —— 长须鲸

　　长须鲸又名"鳍鲸""脊鳍鲸"等，隶属须鲸属。它们是游泳速度最快的鲸之一，常在深海捕食猎物。南极海域中生活的长须鲸是其中的一个亚种，即南极长须鲸。

体态特征

　　成年长须鲸体形如同纺锤，体长为 25 米左右，体重可以达到 70 吨。它们的头部很大，约占体长的 1/4，而且头顶各有两个喷气孔；大嘴巴右侧下唇处的鲸须是白色的，左侧则是灰色的；眼睛很小。长须鲸背部是青灰色的，腹部是白色的。长须鲸各有 1 个背鳍、两个由前肢进化来的胸鳍，还有 1 个较宽的尾鳍。另外，长须鲸喉胸处还有很多褶沟，一直延伸到脐。

过滤食物

　　长须鲸主要以磷虾、小型鱼类、乌贼为食，通常会潜到深海捕食磷虾群。它们进食时张开嘴部，高速前进，吞入大量海水，然后将嘴闭上，把海水透过鲸须吐出，将磷虾、小鱼等小动物留在嘴里，变成腹中美味。

呼吸方式

长须鲸呼吸时需要浮到海面,但尾部仍会停留在水面下。每次呼吸时,它们会在水面逗留约 1.5 分钟,在此期间会多次喷气。它们完成换气后能潜入水下 10 ~ 15 分钟。

繁殖特点

长须鲸妊娠期长约 1 年。幼鲸在出生 6 ~ 7 个月后断奶,并随雌鲸前往冬季摄食区。通常情况下,长须鲸在 10 岁左右时性成熟,每 2 ~ 3 年生产 1 次。雌鲸每胎产 1 只幼鲸,但也有例外,有最多 1 次产下 6 只小鲸的纪录。

回澜·拾贝

深海格雷伊猎犬　长须鲸游泳速度最快可达每小时约37千米,有"深海格雷伊猎犬"的美称。

鲸歌　指鲸鱼在生育季节发出的绵长、响亮、频率低的声音。

环境影响　船只与军事活动产生的海洋噪音可能会妨碍鲸鱼之间的相互交流、接触,从而影响鲸鱼的种群数量。

海上霸王——虎鲸

　　虎鲸又称"逆戟鲸"，是一种大型齿鲸，性情凶猛，具有很强的攻击性，经常袭击其他鲸类。它们连大白鲨都不放在眼里，是声名远扬的海中霸王。

黑白分明的外形

　　虎鲸体形巨大，形如纺锤，周身光滑，体色黑白分明，背部呈漆黑色，腹部大部分为白色，背鳍后面有灰白色斑，眼睛后面各有一块白斑。虎鲸的头部略圆，嘴很大，里面长着圆锥形的利齿，吻部并不突出；前肢经过长时间的进化变为发达的鳍，而后肢退化；背部中央有高大的三角形背鳍。

群居生活

虎鲸是一种喜欢群居的鲸类，群体成员之间相互依存，关系稳定，一般采用团队形式进行捕猎。它们的食物包括鲸类、鳍足类、海獭类、鱼类、爬行类和头足类等。虎鲸能发出数十种含义不同的声音，群体成员之间靠超声波相互交流。虎鲸游速很快，可达每小时 55 千米，在深海可闭气 17 分钟左右。它们喜欢戏水，常会跃出水面或是以尾鳍和胸鳍拍击水面，在浅水区还会用尾巴钩拉海藻。

浮窥

这两只在南极海域的虎鲸正探出头观察水面情况。探头是虎鲸观察周围情况的一种方式——它们将头部竖起，浮出水面，然后再悄悄地潜入水中。

鲸群特点

虎鲸鲸群由最年长的雌鲸领导，群内无父子关系和父女关系，而母女、母子关系则非常稳定。虎鲸一般不会离开鲸群，除非受伤或迷路。

捕鲨手段

　　虎鲸智商较高，性情凶猛，可捕猎多种鲨鱼作为食物，包括强大的大白鲨和灰鲭鲨。捕鲨过程中，虎鲸借助其强壮的尾部制造出大大的漩涡，进而将鲨鱼置于水流之上；一旦鲨鱼露出水面，虎鲸就转动身体将尾巴伸出水面猛烈攻击鲨鱼。它们把鲨鱼击晕后迅速将其翻转，使鲨鱼进入瘫痪状态。这样它们就可以享受美味佳肴了。

回澜·拾贝

　　背鳍　虎鲸高大的背鳍除了作为武器，还用于保持平衡。

　　海中警犬　虎鲸智力出众，可被驯化用以看护、管理人工养殖的鱼群。

　　超声波　虎鲸可以发射超声波，并且能够通过回声寻找鱼群，判断鱼群的大小和游泳方向。这种能力有助于它们在黑暗的深海里捕捉食物。

冰海下的"粮仓"——南极磷虾

　　磷虾主要生活在南极大陆附近的南大洋中，数量庞大，集体洄游时可使大片水域变色。磷虾蛋白质含量高，是寒冰海洋中大部分动物的主要食物，也是大自然赐予人类的厚礼，可以说是冰海下的"粮仓"。

发光的磷虾

　　成年的南极磷虾长 3 ~ 4 厘米，重约 2 克。南极磷虾胸甲与甲壳相连，由于胸甲较短小，鳃部肉眼可见。南极磷虾有生物荧光器官，每隔 2 ~ 3 秒就会发出黄绿色的光。这些荧光器官分布于眼柱、第二至第七胸足、腹片等部位。

磷虾生息繁衍的保障

南极磷虾之所以具有庞大的种群数量是与南大洋独特的水文条件分不开的。南大洋的寒流遇到来自太平洋、大西洋和印度洋的暖流时会形成上升流，这种上升流含有丰富的营养物质，使作为磷虾食物的浮游植物大量繁殖，成为磷虾生息繁衍的有力保障。

生活习性

南极磷虾对环境的适应能力较弱，生活区域限定在南极大陆周围比较寒冷的海域，通常在 50 米左右的海水表层活动，主要的产卵时间是每年的 1—3 月。南极磷虾主要以硅藻等浮游植物为食，也会捕食一些小型的浮游动物。冬季食物不足时，南极磷虾会脱壳缩小体形，以减少能量消耗。

磷虾的营养价值

磷虾具有很高的营养价值，含有丰富的氨基酸，其中赖氨酸的含量比较丰富。此外，磷虾还含有丰富的钙、钠等金属元素。磷虾的蛋白质含量更是惊人。据专家分析，1 只南极磷虾的蛋白质含量与 5 克牛肉的基本相同。南极磷虾因此享有"人类未来的蛋白质资源仓库"的美誉。

南极磷虾的贡献

南极磷虾处于食物链的底层，以浮游植物为食，体内重金属含量较少，是一种清洁且富有营养的海产品。南极磷虾提取物甲壳质可以增强生物免疫系统机能，如果将其添加到鱼类饲料中可促进鱼类健康生长。另外，南极磷虾油可以有效缓解眼睛干涩，保护视力，还可以美容养颜。

南极磷虾的经济效益

南极磷虾具有很高的商业价值。人类每年都会在南大洋捕捞到数量可观的磷虾。如果加以合理开发利用，南极磷虾将成为人类未来的蛋白质资源库。目前，俄罗斯、日本、挪威等国已率先在南大洋进行南极磷虾的商业性捕捞。

回澜·拾贝

价值 南极磷虾是地球上继粮食、煤炭、石油之后的又一大资源。

氟化物 磷虾的外骨骼含有高浓度的氟化物，食用过多会导致腹泻。

冰下的透明鱼——南极冰鱼

南极冰鱼又称"南极虾鱼"，生活在南大洋冰冷的海水中，主要以磷虾为食。这种鱼没有鳞片，身体呈半透明状，非常神秘。

不怕冷的透明鱼

南极冰鱼外形细长，大大的脑袋上长着大大的眼睛，突出的嘴巴里长着长长的牙齿。南极冰鱼对低温环境有很强的适应性，可以通过鳃和皮肤吸收溶解在海水中的氧，体内有抗冻蛋白质，其血液在接近冰点的低温海水中仍能正常流动。

眼斑雪冰鱼

眼斑雪冰鱼生活在冰冷的南极海域，外形细长，头比较大，体色黑白相间，血管中流动着透明血液，身体表面没有鳞片。眼斑雪冰鱼体内含有丰富的营养物质，如多不饱和脂肪酸、钙质等，营养价值很高。

独角雪冰鱼

独角雪冰鱼是南极冰鱼的一种，生活在南极洲附近海域，是一种底栖性鱼类，栖息深度为 400 ~ 600 米。独角雪冰鱼体长可达 49 厘米，身体大部分透明，能够在温度较低（低于0℃）的海水里正常生活。

回澜·拾贝

种群现状 冰鱼无法承受高温，随着全球气候变暖，数量将迅速减少。

南极虾鱼 南极冰鱼因肉质鲜美，如虾肉一样，又被称为"南极虾鱼"。

冰面下的草坪——冰藻

冰藻是生长在南极海域冰层下的藻类植物。在平静的冰层下面，冰藻从海冰底部垂向海中，像长在冰下的草坪。冰藻和浮游植物等共同维持着磷虾、鱼类和海豹等海洋生物的生存，是南极不可缺少的生物。

生长规律

冬季，海水结冰并逐渐变厚，冰藻被冰封在海冰中；夏季，海冰融化，冰藻像种子一样被播种到海水中。它们沐浴着夏季的明媚阳光，吸收着海水中的丰富营养，迅速生长、繁殖，使碧蓝的大海变成绿棕色。在平静的海域，冰藻从海冰底部垂向海中，宛如厚厚的冰下草坪。部分冰藻会随融化的海冰沉于海底，成为海底生物的美食。

小冰藻大贡献

冰藻是南极海域一些浮游动物的重要食物，是食物链中最基础的一环。在冰藻大量繁殖的夏季，冰藻生长区会吸引大量磷虾等浮游动物的到来，而捕食浮游动物的各种大型动物也随之而来，一个庞大的食物链就这样产生了。

美味冰藻

冰藻经过处理后呈淡黄色或黄褐色，凉拌后清脆爽口、风味独特。冰藻内海藻胶原蛋白含量丰富，还含有钙、铁、锌等多种营养元素，具有增强体质和美容养颜的功效。

回澜·拾贝

抗紫外线　冰藻对紫外线有吸收和屏蔽作用。
高热量　冰藻营养丰富，产生的热量甚至高于相同重量的巧克力。

长翼的海上天使——漂泊信天翁

漂泊信天翁是体形最大的一种信天翁，也是翼展最长的鸟，被人们称作"长翼的海上天使"。漂泊信天翁是典型的滑翔鸟类，喜欢追随航行的船只，出没范围主要在南冰洋。

外形特征

漂泊信天翁脚蹼小巧，翅膀修长，喙大且尖锐，有着巨大的翼骨，雌性略小于雄性。成年漂泊信天翁的身体大部分是白色的，头部侧边有桃形斑点，喙和脚呈粉红色，翅膀多为黑色和白色。雌性的翅膀比雄性的更白，且尖端和翅膀后缘呈黑色。

惊人的翼展

漂泊信天翁的翼展在现有已知鸟类中是最长的，平均翼展可达 3.1 米，最大翼展可达 3.7 米。

生活习性

漂泊信天翁终生在大海上漂泊，以鱼类和磷虾等为食。它们滑翔时善于利用气流变化，被称为"杰出的滑翔员"。漂泊信天翁的睡眠方式较为奇特——在飞翔时，它们大脑左右两部分能够交替休息、睡眠。

繁殖特点

漂泊信天翁求爱时翩翩起舞，伴侣关系一旦确定就非常稳定，一般终生不会改变。漂泊信天翁繁殖力较低，10岁左右性成熟后开始产卵，两年仅产1枚卵。它们的繁殖季节通常在1月底，孵化期为80天左右。幼鸟出生后，由雌雄双方共同哺育，直到其可以独立生活。

回澜·拾贝

管状鼻 漂泊信天翁的管状鼻十分灵敏，可嗅到千米之外的猎物气息；同时，管状鼻还可排出其体内过多的盐分。

种群现状 如今，漂泊信天翁每年都会被大量猎捕，加之繁殖缓慢，其种群数量正在迅速减少。

冰雪王国的空中盗贼——南极贼鸥

南极贼鸥是南极大陆特有的鸟类，性情凶悍，攻击性强，习惯于偷袭小海豹、小企鹅等，是南极大陆的空中盗贼。

形态特征

南极贼鸥形似海鸥，但体形大于普通海鸥，羽毛呈灰黑色，体长为 55 厘米左右，翼展为 1.3 ~ 1.4 米。它们的嘴喙偏粗且呈亮黑色，圆圆的眼睛炯炯有神，展翅翱翔的姿态看起来相当威武、剽悍。

不挑食的贼鸥

南极贼鸥好吃懒做，对食物不挑剔，主要捕食鱼类和磷虾，还经常窃食其他鸟类的鸟蛋、幼鸟，捡食海豹的尸体、鸟兽的粪便等。在饥饿难耐之时，南极贼鸥甚至会钻进考察站的食品库"作案"。

小贼鸥的生存竞争

南极贼鸥主要在南极大陆沿岸及附近海岛出没。它们多在空中飞翔，通常不到海面上活动。它们喜欢在山包上筑巢，雌雄双栖，夏季繁殖期间通常 1 次产两枚卵，孵化期为 1 个月左右。小贼鸥总是抢夺父母带来的食物，甚至会骨肉相残。体形较弱的小贼鸥常会被赶出鸟巢，被其他贼鸥捕杀，所以每个巢穴中通常只有 1 只小贼鸥成活。

回澜·拾贝

稀有鸟类 南极贼鸥是受国际生物组织保护的珍禽。

义务清洁工 由于冬季食物缺乏，南极贼鸥会到考察站附近捡食垃圾，成为南极考察站的义务清洁工。

南极的开发与保护

南极地区是一块物产丰富的神奇之地，能源材料、矿产资源、生物资源等丰富。人类正逐步加快南极的探索及开发之旅。虽然南极物产丰饶，但人们要合理开发并加以保护，使南极长久地为人类造福。

南极开发之路

从 19 世纪初期开始，一些探险家相继发现南极大陆的不同区域。随着人类大量捕获海豹和鲸以谋取利益，海豹和鲸的数量锐减。19 世纪末到 20 世纪 40 年代，大量探险家涌入南极，引来某些国家对南极领土主权的争议。20 世纪 40 年代后，人类对南极的考察开始科学化，在南极建立起很多观测站，相关国家之间密切合作，使考察有序开展。20 世纪 70 年代至今，人类的南极活动转向对自然资源的勘探和开发上。

南极开发现状

　　总体而言，目前人类对南极的开发还局限于海洋生物捕捞和旅游观光，水平较低。虽然南极的大量矿产已被探明，但南极矿产资源的开发需要先进的技术设备以及强大的资金支持，而现有的技术开发条件还不足以支撑一般开采机构向南极进军。

南极科学考察站

　　世界上很多国家在南极建立起科学考察基地，负责南极的科学研究和资源勘探。这些考察站按功能大体可分为常年科学考察站、夏季科学考察站、无人自动观测站。目前，南极的常年科学考察站有 50 多个，夏季科学考察站有上百个。中国的南极长城站和中山站是常年科学考察站，昆仑站和泰山站为夏季科学考察站。

中国昆仑站

　　中国昆仑站矗立在海拔约为 4093 米的南极"冰盖之巅"上，是目前世界上海拔最高的南极科学考察站。

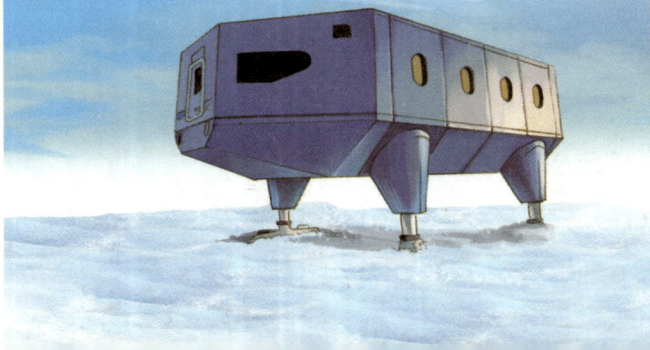

哈利 VI 科考站（英国）

伊丽莎白公主站（比利时）

南极污染

南极地区虽然没有被深入开发，但是随着越来越多的国家进入南极进行科学考察和旅游观光，以及人们在南极消耗能源量的增加，温室气体等污染物已开始影响南极环境。南极生态系统的平衡正在受到威胁。

保护南极

为了保护南极，人类在南极海域进行的海产捕捞应控制在不影响南极生态系统平衡的范围内。同时，为了南极开发的可持续性，人类应当减少化石燃料的使用，寻求新型洁净可再生能源，减少环境污染。

回澜·拾贝

温室气体　指大气中能引起温室效应的气体，如二氧化碳、部分制冷剂、甲烷等。它们会导致全球气候变暖。

禁狗令　国际南极条约组织为保护南极环境而颁布的法令，即禁止狗出现在南极。

南极食物链

　　南极生物大小不一、种类多样，通过吃与被吃的关系形成了完善有序的食物链。食物链有序运行，维持了南极生态系统的平衡。

完善有序的食物链

　　南大洋的某些海域水温适中、养分充足，为藻类的生长提供了优良条件。生长繁盛的藻类又为鱼类、海鸟和浮游动物等提供了充足的食物。浮游动物中的磷虾是海洋中鲸类和某些鱼类的主要食物来源。另外，企鹅在觅食过程中经常会成为海豹的美餐。南极的鲸类处于食物链的最高层，会捕食企鹅、海豹等，有时同类之间也会相互捕食。

磷虾

冰藻

小鱼

飞鸟

海豹

贼鸥

帝企鹅

蓝鲸

虎鲸

全球变暖对南极食物链的威胁

　　随着全球气候逐渐变暖，南极冰雪开始消融，磷虾等动物因为生存环境的改变而产量锐减。磷虾是南极食物链必不可少的一环，磷虾数量的减少必将使南极食物链遭到严重破坏。

回澜·拾贝

　　初级生产者　冰藻等海洋藻类能进行光合作用，把太阳能转变成化学能贮存起来，是南极食物链中的初级生产者。

　　磷虾捕捞限额　合理控制磷虾捕捞量对保护南大洋生态系统至关重要，是保证南极资源持续开发的重要手段，有利于维持南极的生态平衡。

PART 3

探秘北极

与南极相比，北极气候相对温和，物种更加丰富。你看：陆地上，北极熊悠闲地散步，成群的驯鹿在原野上迁徙；海洋里，淘气的白鲸在嬉戏玩耍，肥美的鲑鱼游来游去；天空中，北极燕鸥在进行飞行大赛，海鹦在展示漂亮的造型……神奇的北极正等着你去探索。

陆地环绕着海洋——北极

　　北极地区通常指北极圈以北的广大区域，其中北冰洋占据较大部分，而在大洋的周围环绕着亚欧大陆和北美大陆以及众多的岛屿。因纽特人是北极地区的原住居民，和多种多样的动植物共同生活在北极的冰天雪地里。

寒冷的白色海洋

　　北冰洋是以北极点为中心的一片辽阔水域，是最冷的大洋，部分洋面终年覆盖着海冰，是地球上的白色海洋。北冰洋是世界上面积最小的大洋，面积约为1300万平方千米，不到太平洋的1/10，因此又被称为"北极海"。

北冰洋周围的陆地及岛屿

　　北冰洋海岸线十分曲折，周边的大陆有欧亚大陆和北美大陆。北冰洋中有许多岛屿，包括世界上最大的岛屿——格陵兰岛。格陵兰岛的陆地面积超过216万平方千米，因此人们也称之为"格陵兰次大陆"。

北极的原始居民

　　因纽特人是北极地区的原住民，主要分布在西伯利亚、阿拉斯加和格陵兰等地区。因纽特人的生活方式较为原始，世世代代以狩猎为主，以猎物为食，用猎物的皮毛制作防寒的皮衣。随着社会的发展，因纽特人的生活方式越来越现代化，部分因纽特人移居到了城镇。

多种多样的生物

　　北冰洋中有丰富的鱼类和浮游生物，以及以此为食的海豹、鲸等海洋动物。围绕北冰洋的陆地大多较平坦，生长着多样的植物，是驯鹿和麝（shè）牛等动物的家园。此外，北极地区还有种群庞大的旅鼠、珍贵的北极狐、等级森严的北极狼和北极霸主北极熊等动物。

回澜·拾贝

　　古老的岩石　格陵兰岛上有一些非常古老的岩石，大约形成于37亿年前，堪称世界上最古老的岩石。

　　北冰洋之最　北冰洋是世界上面积最小、最浅、最冷的大洋。

北极的冰川

北极的冰川主要分布于格陵兰岛。随着全球变暖，北极冰川融化已成为不容忽视的问题。

冰川的形成

冰川是水的一种存在形式，雪、雹等固态降水是形成冰川的必要条件。固态降水达到一定数量后，积雪变成粒雪，粒雪变硬后经挤压紧密地镶嵌在一起，逐渐密实，形成乳白色的冰川冰。经过漫长的岁月，冰川冰进一步密实，形成冰川。

格陵兰岛冰川

格陵兰岛被大陆冰川覆盖的区域约占整个岛的 80%，面积约为 170 万平方千米，冰壳厚度约为 3000 米。彼得曼冰川是格陵兰岛上较为著名的冰川。

格陵兰岛的冰雪覆盖情况

彼得曼冰岛

　　格陵兰岛上的彼得曼冰川断裂，释放出一个冰岛，被命名为"彼得曼冰岛"。这座冰岛顺着奈尔斯海峡南下，给人们的海上活动带来潜在威胁。为了追踪该冰岛的移动情况，加拿大科学家在岛上安装了 GPS（全球定位系统）导航仪。

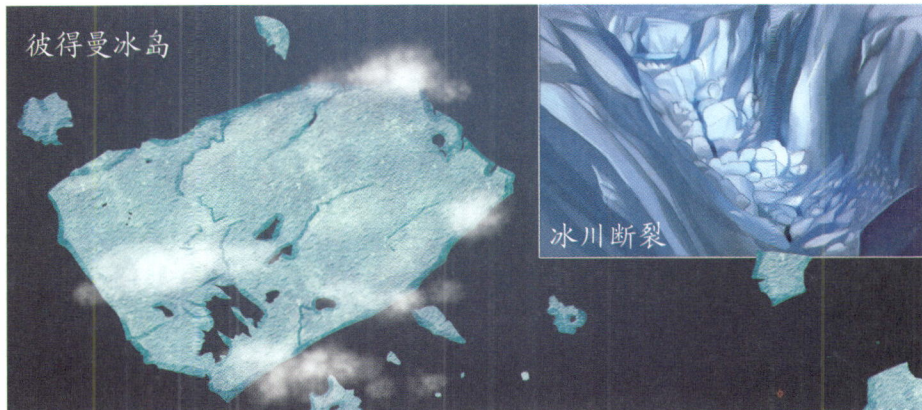

彼得曼冰岛

冰川断裂

伊卢利萨特镇与冰川

　　伊卢利萨特镇位于北极圈内，是格陵兰岛三大定居地之一，周围是巨大冰川。随着格陵兰岛冰川的融化和漂移，有些巨大的冰山已经抵达伊卢利萨特镇附近的海域。

回澜·拾贝

　　冰川融化　　随着全球气候变暖，北极冰川不断融化、断裂，数量正急剧减少。

　　世界最北端的冰川　　格陵兰岛上的彼得曼冰川位于北纬81°、西经61°附近，是世界上最北端的冰川。

北极的生物群落

　　北极地区有着种类繁多的生物，海洋里、冰层上、天空中均可见到活跃的北极生物。它们和北极的居民共同守护着这片美丽的冰雪世界。

种类繁多的北极植物

　　北极植物种类多样，具有代表性的有石南科、杨柳科、莎科、禾本科、毛茛科等植物，最典型的是泰加林带中的落叶松，最低等的陆地植物是地衣。北极苔原上共有约900种显花植物，花朵通常大而鲜艳。此外，北冰洋中还生长有大量藻类。

灯笼花

北极罂粟

丛生虎耳草

泰加林带

　　泰加林带又称"北方针叶林带"，是指从北极苔原南界树木线开始向南延伸1000多千米宽的北方塔形针叶林带，是具有北极寒区生态环境的森林带类型。泰加林植物以松柏类为主，具有针状小叶，对寒冷和干旱环境有很强的适应性。

海、陆、空生物大军

　　北极地区的生物种类繁多，组成了浩浩荡荡的海、陆、空生物大军。北冰洋的广阔水域中生活着海豹、海象、鲸类和多种鱼类；陆地上生活有种群数量惊人的旅鼠，成千上万的北美驯鹿、麝牛、北极兔，还有珍贵的北极狐，以及不断巡游的北极狼等；北极还有诸多飞鸟。北半球 1/6 的鸟类在北极筑巢安家。在多种多样的极地生物中，大型食肉动物北极熊被称作"北极的守护者"。

北极的古老居民

　　北极地区的原住民共有 20 多个民族，较为常见的有因纽特人、楚科奇人、雅库特人、鄂温克人和拉普人等。这些顽强的民族已经在北极生存了约 1 万年，大多过着以狩猎为主的原始生活。

回澜·拾贝

　　北极植物特点　北极植物的共同点是矮小、匍匐生长。这样有利于它们充分吸收地面反射的热量，还可以有效抵御寒风的吹袭。

　　斯特勒海牛　一种曾广布于北极浅水区的大型海洋哺乳动物，体长可达 10 米，已被人类捕杀灭绝。

北极霸主——北极熊

北极熊又名"白熊"，是体形巨大的陆地食肉动物，主要分布在北冰洋附近，是声名远扬的北极霸主。它们用厚厚的脂肪及皮毛保暖，在陆地上和海洋里均可捕食猎物，对北极恶劣的自然环境有很强的适应能力。

体态特征

成年北极熊直立身高可达 2.8 米，熊掌宽达 25 厘米，熊爪可超过 10 厘米；头部较长而脸部较小，耳朵又小又圆，脖子细长；皮肤呈黑色，毛色通常为白色，夏季因环境的变化可能会变成淡黄色、褐色或灰色。北极熊虽然性情凶猛，但睡姿可爱，喜欢蜷缩身子钻进自己怀里，仿佛熟睡的婴儿。

特殊的皮毛

北极熊的毛是中空的，分为上下两层，上层长而光滑，下层短而密，能锁住空气并防止水的渗入，是北极熊温暖的"棉衣"，也是奇特的"泳衣"。

海藻

冠毛小海雀

带纹环斑海豹

环斑海豹

北极熊的食谱

北极熊是标准的食肉动物，主要捕食海豹，也捕食鸟类、鱼类和一些小型哺乳动物。北极熊非常喜欢吃动物的脂肪，因为脂肪可以转化为它们保暖所需要的脂肪层。北极熊没有储藏食物的习惯。在食物短缺的时候，它们不介意捡食腐肉，或转换口味吃点海草、浆果甚至植物根茎来补充维生素。

捂着鼻子捕猎

北极熊捕食猎物时，通常会在冰面上寻找有利的位置耐心地隐藏，发现猎物后会发动突然袭击，一举将猎物捕捉。北极熊外表像冰雪一样洁白，但它们的鼻子是黑色的，使得它们在隐藏捕猎的过程中很容易被猎物发现。所以，在冰面上等待猎物时，北极熊通常会聪明地一边捂住黑鼻子，一边捕食。

慵懒的生活方式

北极熊主要在有浮冰的北极海域活动，过着水陆两栖的生活。它们在冬季开启局部冬眠模式，可以长时间不吃东西；春季开始繁殖；夏季则在浮冰区捕猎。总体而言，北极熊懒洋洋的，花大量时间去睡觉，只花很少的时间运动。

局部冬眠

北极的冬季非常寒冷，北极熊在冬季很少外出活动，而是选择避风场所，长时间不吃东西，降低呼吸频率，进入局部冬眠状态。在此过程中，它们虽在冬眠，但似睡非睡，时刻警惕着，一旦遇到紧急情况就会迅速醒来。这种局部冬眠状态只维持一段时间，而不是整个冬季。

繁殖特点

北极熊的繁殖季节是春季，孕期达195～265天，每胎通常孕育2～3个幼崽。小北极熊出生1～2个月后可以行走，3～4个月后可由母熊携带外出，4～5个月后断奶，2～3岁后就可以独立生活。成年后，北极熊通常独自活动，几乎不与同类结伴。

种群现状

目前，野生北极熊的数量相对稳定，但也面临种种威胁：全球气候变暖将严重影响北极熊的海冰栖息地；持久性有机污染物不断威胁着北极熊的生存；人类的工业活动范围不断扩大，严重侵犯了北极熊的生存空间。

回澜·拾贝

危险的熊　北极熊是一种会主动攻击人类的熊。
运动健将　北极熊能够在海里以平均每小时10千米的速度持续游泳9～10个小时，在陆地上奔跑的最快速度可达每小时60千米。

行动缓慢的捕食者——北极露脊鲸

北极露脊鲸又叫"弓头鲸",主要生活在北冰洋及临近海域中,因此也被称为"北极鲸"。它们喜欢慢悠悠地漂在海面上,并且把大部分背脊露出来,非常显眼,其名字便由此而来。

体态特征

北极露脊鲸身体呈纺锤形,体形粗壮,没有背鳍;头部较大,上颌较窄,下颌呈弓形,颈部不明显;鲸须又细又长,有很好的弹性;鳍呈桨状或匙形,尾鳍宽大。北极露脊鲸成年后平均体长为 15 ~ 18 米,有的老鲸体长甚至可达 21 米。

结队捕食

北极露脊鲸在捕食时,鲸群会自动排列队形,除头鲸外,每一头鲸都跟在前面一头的后面,并从侧面偏出一定的距离。鲸群成员是不固定的,一些成员离队而去时,一般会有新的成员加入,鲸群的队形可以维持若干天不变。这样,大量的鱼类、虾类等动物便会成为北极露脊鲸的美餐。

歌唱家

北极露脊鲸拥有浑厚的嗓子，能够发出不同的信号，以便在迁移、进食和社交时与同伴沟通交流。这种鲸可以用不同的嗓音唱歌求爱，能将完全不同的歌曲混在一起，也能不断改进歌曲，创造新曲子。

种群现状

北极露脊鲸有很大的经济价值，在 18 世纪后期因被人类过度猎捕而几近灭绝。除人类的捕杀外，北极露脊鲸在迁徙的过程中还面临着天敌的威胁，加之繁殖能力一般，目前已成为世界上最稀有的鲸之一，濒临灭绝，需要重点保护。

回澜·拾贝

独特标志 北极露脊鲸喷气时形成的水柱是双股的，其他鲸类均为单股。

鲸须 北极露脊鲸的鲸须在同类动物中几乎是最长的，甚至可长达3米。

海中金丝雀——白鲸

白鲸叫声多变，表情丰富，被人们称为"海中金丝雀"。它们主要生活在北极的浮冰海域，喜欢在贴近海面的水层活动，有较强的潜水能力。

外形特征

白鲸躯体粗壮、圆润。成熟的白鲸通体为白色，夏季发情时稍带淡黄色；头部浑圆且占身体的比例较小，额隆明显鼓起且可以自由改变形状；吻部很短，唇线宽；颈部可自由活动，能够完成转头和点头的动作；背脊代替背鳍，胸鳍宽阔灵活，尾叶随年龄增长而逐渐明显。

美妙歌声

白鲸是鲸类中非常优秀的歌唱家，能发出几百种声音，如鸟鸣声、婴儿的哭声、猛兽的吼声等，还可以发出汽船声、铰链声等机械类声音。白鲸的歌声是同伴之间交流的信号，在夏季的迁徙中必不可少。

迁徙

　　白鲸是群居动物，也是有名的夏季旅行家。每年 7 月，鲸群从北极地区出发，开始它们的夏季旅途，目的地通常是纬度较高的海域。它们组成数目不等的群体，向目的地进发，途中会不停地表演。有些调皮的白鲸有时会离开群体，独自游玩。

白鲸趣闻

　　美国加利福尼亚州圣地亚哥市国家海洋哺乳动物基金会有一只叫诺克的白鲸，可以模仿人类说话，曾多次对潜水员喊"出去"。潜水员误以为别人在跟自己说话。科学家通过对声音来源的调查，揭穿了这只调皮又聪明的白鲸的小把戏。

回澜·拾贝

　　眷恋　白鲸每年都会回到出生地，此种特性在雌鲸的行为中尤其明显。

　　天敌　虎鲸和北极熊是白鲸的天敌。北极熊常以攻击海豹的方式攻击白鲸。

　　生存威胁　17世纪以来，捕鲸者疯狂地捕杀白鲸，致使白鲸数量锐减。另外，白鲸的生存环境遭到严重破坏，使大量白鲸死亡。

冰下独角兽——独角鲸

独角鲸又叫"一角鲸"，也叫"长枪鲸"，主要生活在北冰洋，雄性的"角"可长达3米。这种鲸游泳速度惊人，行踪难以捉摸，加上独特的造型，常被人们看作神秘的海洋独角兽。

神秘造型

独角鲸属于小型鲸类。它们的头部小而圆，额隆凸起，没有突出的嘴喙；胸鳍小而宽且末端上弯，没有背鳍，但在背部有肉质隆起。雄性独角鲸上颌生长着一对牙，左侧的牙呈螺旋形，长达2～3米，像角一样，最粗的直径达9厘米左右；雌性独角鲸一般没有长牙。

生活习性

独角鲸是群居性动物。在夏季，它们可以形成数百头的大群体；在冬季，由于流冰盛行，冰层间的裂隙与破洞使独角鲸的分布变得分散而孤立。独角鲸在冬季繁殖。为了抢占领地和争取配偶，成年雄鲸之间有打斗行为。由于出生环境非常寒冷，幼鲸刚出生就很强壮，体积相当于母亲的1/3，这在哺乳动物中并不多见。

潜水高手

　　独角鲸擅长潜水，可以在海里以近乎垂直的角度下潜大约 900 米，而且每天可以下潜多次，称得上潜水高手。因此，它们能够捕捉深海中的大比目鱼。

传奇的"角"

　　过去，独角鲸的长牙被当作神兽的角远销欧洲。人们还相信独角鲸的"角"有神奇功效，包治百病。一些国家的王室曾经把它们当成驱魔与解毒的工具，还有的王室用它们做成餐具。另外，俄国君主用它们做成拐杖，奥地利哈布斯堡王朝将独角鲸的"角"用于权杖的制作。后来，科学家指出，独角鲸的角其实是它们的犬齿。

鲸牙拐杖

回澜·拾贝

　　气候研究　华盛顿大学的生物学家将感应设备安装在独角鲸背上，靠独角鲸的活动获取气候变化信息。
　　食性　独角鲸的主要捕食对象为远洋鱼类、鱿鱼、虾以及底栖生物等。

长着长牙的小丑——海象

海象体形庞大，有的象牙一样的发达犬齿，被当作海中的大象。它们相貌丑陋，主要分布在北冰洋和大西洋、太平洋的北部海域。海象是群居性动物，通常出没在冰冷的海水、浮冰及海岸上。

形态特点

海象的身体粗壮而肥胖；头部扁平，眼睛较小，没有外耳郭，上颌有发达的上犬齿，上唇的周围长有长而硬的钢髯，触觉灵敏；颈部各有一对气囊；四肢多肉且像鱼鳍，前肢长，后肢能向前折曲；尾巴比较短，隐藏在臀部，不易被发现。

两栖生活

海象在海中完成取食、求偶、交配等活动。它们有高超的游泳技能，游泳时用后肢推进，前肢转弯，行动自如，速度可达每小时 24 千米。在陆地上，海象大部分时间用于休息。其行走过程由獠牙与短小的后肢共同完成，摇摇晃晃，滑稽可笑。

发达的犬齿

海象上颌长着白色的犬齿，其犬齿终生都在生长，从嘴角垂直伸出嘴外，形成长长的獠牙。雄海象的獠牙长达 75 ~ 96 厘米，雌海象的獠牙长度一般不到 50 厘米。

象牙拐杖

海象的獠牙可以在海象爬上冰块时支撑身体，有"象牙拐杖"之称。

复杂的食性

海象喜欢在海岸附近觅食，食性较杂，经常捕食乌贼、虾、蟹和蠕虫等动物，也吞食水中的幼嫩植物和海底有机质沉渣，偶尔还会捕食海豹或独角鲸。海象一般不会捕食鱼类。

领地大战

在繁殖季节，雄海象的领地意识非常强。当其他雄海象闯入自己的领地时，双方就会发生激烈争斗。它们用獠牙和脖子相互攻击，直到分出胜负为止，所以雄海象身上常常伤痕累累。

繁殖情况

海象每 3 年产 1 胎，每胎产 1 崽，妊娠期为 11～13 个月，哺乳期长达 18～24 个月。哺乳期结束后，小海象会继续跟着雌海象生活，直到能够独自捕食才开始独立生活。

会变色的海象

海象的体表裸露无毛，通常呈灰褐色或黄褐色，随着环境的变化可改变颜色。在海水中潜游时，由于动脉血管收缩，血液流动受限，海象的体表会变为灰白色；而在陆地上时，海象的血管膨胀，血液正常流动，体表则呈现棕红色。

海象哨兵

海象视觉很差，嗅觉与听觉发达。群居的海象在休息时会派一只海象站岗放哨。一旦发现危险情况，哨兵会立即发出公牛似的吼声唤醒同伴，或用长牙碰醒身旁的成员，并依次传递警报。群体较大时，哨兵还需要在水里巡逻，以同时监听水中和陆上的情况。

回澜·拾贝

海象的天敌　海象的天敌主要是北极熊和虎鲸。

分布现状　海象主要分布在北冰洋和大西洋、太平洋的北部海域。由于人类大规模的工业开发，海象的分布区目前正逐渐缩小。

居住在北极圈内的海豹
——鞍纹海豹和环斑海豹

鞍纹海豹和环斑海豹是两种生活在北极圈内的海豹，外形可爱，不惧严寒，喜欢在海冰上和积雪里嬉戏玩耍。

造型可爱的鞍纹海豹

鞍纹海豹外形呈光滑的圆锥状，胸部粗圆，背腹扁平，尾巴较短。它们的体表整体呈白色或棕灰色，背部两肩处通常有鞍形黑色带。刚出生的鞍纹海豹大部分体表长有淡黄色的绒毛，2～3天后绒毛透明光亮，3～4周后皮毛变成灰色并长有斑点。

拍水海豹

鞍纹海豹在出生3～4周时游泳姿势很笨拙，要用前鳍足不断拍打海水才能在海水中漂浮，因此被称为"拍水海豹"。

鞍纹海豹的习性特征

鞍纹海豹分布于北大西洋和北极海域，以毛鳞鱼和节肢动物为食，是群居性动物。春季来临时，鞍纹海豹会北迁至北冰洋附近冰面上度夏。

环斑海豹的外形特征

环斑海豹体形较小，肥胖粗壮，头骨较薄，吻部略短，两眼之间较窄，体毛粗硬，没有绒毛。成年环斑海豹背部呈深灰色，并且有灰白色环斑，斑纹大小和形状不规则。环斑海豹腹部一般为银白色。

环斑海豹的经济价值

环斑海豹经济价值非常高：皮可制作成衣服、鞋、帽等；脂肪可用于提炼工业用油；牙可制作成工艺品；肠是制作琴弦的上等材料……

环斑海豹皮制作的鞋帽

回澜·拾贝

游泳健将　成年鞍纹海豹在海水中能连续屏气半个小时，可潜到180米以下的海水中。

食性　环斑海豹主要以鳕科鱼、端足类、磷虾等动物为食。

潜水能手　环斑海豹是潜水能手，曾有潜水68分钟的纪录。

不怕冷的鱼——北极鳕鱼

　　北极鳕鱼分布在北极海域，是典型的冷水性群居鱼类。北极鳕鱼对低温的耐受程度很强，能在 0℃略偏下的海水中正常生活，是北极地区重要的经济鱼类之一。

外形特点

　　北极鳕鱼身体较长，体表覆盖着易脱落的细小圆鳞，每条鱼长有 3 个背鳍、两个臀鳍，尾部向后逐渐变细。北极鳕鱼的头部和嘴巴均较大，上颌比下颌长；头部、背部及体侧为灰褐色，腹部为灰白色。

贪吃的北极鳕鱼

　　北极鳕鱼的食物来源广泛。它们的幼鱼主要吞食小型浮游植物和浮游动物，随着生长，逐渐捕食个体较大的浮游生物和小型鱼类。北极鳕鱼非常贪吃，来者不拒，食量很大。

不怕冷的北极鳕鱼

北极鳕鱼是生活在北极海域中的一种底层中小型鱼类，对低温环境有很强的适应能力。一般鱼类在 –1℃的条件下就会被冻结，不能游动，而北极鳕鱼在 –1.87℃的低温下却依然可以自由自在地游动。

抗寒妙招

北极鳕鱼之所以不怕冷，是因为它们的血液中含有抗冻蛋白。抗冻蛋白分子具有扩展性，分子中有容易与水分子相互作用的区域。北极鳕鱼通过抗冻蛋白分子的相互作用降低水的冰点，从而阻止体液的冻结。

回澜·拾贝

繁殖力强 体长1米左右的雌性北极鳕鱼一次可产300万～400万粒卵。

餐桌上的营养师 北极鳕鱼有很高的营养价值。在北欧地区，人们把它们称为"餐桌上的营养师"。

在群体中抢食——北极鲑鱼

北极鲑鱼又称"北极红点鲑鱼"，是一种主要分布在北极圈附近海域的三文鱼。北极鲑鱼不但体态优美、色泽鲜艳，而且肉质鲜美、营养丰富，非常受欢迎。另外，它们因为具有抢食凶猛的特点，很受垂钓者的喜爱。

优美的外形

北极鲑鱼身体侧扁，背部稍有隆起，体表覆盖着细小的鳞片。野生的雄性北极鲑鱼性成熟后身体会变成深红色，美丽动人，非常具有观赏性。

分布范围

北极鲑鱼对生存环境中的水温很挑剔，水温过高或者过低都不利于它们的生长，所以它们只分布在北极圈内特定的海域，以挪威及其附近水域和加拿大北部的某些特定水域为主。

集群抢食

北极鲑鱼喜欢集群生活，抢食凶猛。发现食物后，鱼群会一拥而上，你争我抢，激烈异常。在合理的密度下，水域里北极鲑鱼数量越多，抢食行为就会越激烈，其生长速度也会越快。

美味的北极鲑鱼

北极鲑鱼营养丰富，肉质坚实，鲜嫩可口，是餐桌上的上等美味。北极鲑鱼不仅适用于常规的炸、烤、烧、炖、蒸、浇汁等烹饪方式，还可以做成美味的生鱼片。

回澜·拾贝

生长特点 北极鲑鱼的生长速度很快，但即使是同一家族成员的生长速度也不均匀，存在大鱼吃小鱼的现象。

北极王 分布于加拿大乃育克湖及其附近水域的乃育克系北极鲑鱼体形较大，最重可达15千克，被称为"北极王"。

远飞冠军——北极燕鸥

北极燕鸥是一种候鸟，迁徙时通常从北极地区的繁殖区南迁至南极洲附近的海洋，之后再迁回繁殖区。它们整个迁徙行程达数万千米，是动物中迁徙路线最长的。

外形特征

北极燕鸥体形中等，羽毛以灰色和白色为主，肩上的羽毛带有棕色，头顶和颈背呈黑色，修长的翅膀呈淡灰色，有白色羽缘，叉状长尾巴呈白色且带灰色羽瓣，鸟喙和脚呈红色。

北极燕鸥的习性

北极燕鸥是群居性鸟类，栖息于沼泽、海岸等地带。它们频繁飞翔在海面上空，在水面上掠食，主要食物有鱼类、甲壳类和头足类等海洋动物。北极燕鸥争强好斗，性情凶猛，同类之间经常大打出手。然而，一旦遇到敌人，它们就会一致对外，进行集体防御，连北极熊都怕它们三分。

漫长迁徙路

    北极燕鸥是一种能够进行长距离迁徙的海鸟，每年在两极之间往返。北极夏季期间，它们在加拿大至美国马萨诸塞州附近海域活动；到了冬季，就向南迁徙直到南极地区。南极地区的夏天将要结束时，它们将再次迁回北极，回到北方繁殖地时，北极刚好进入夏季。在所有的迁徙动物中，北极燕鸥的迁徙之路是最长的，它们也因此成为著名的"远飞冠军"。

回澜·拾贝

种群状况 目前，全球约有100万只北极燕鸥。该物种分布范围广，种群数量趋于稳定。

栖息环境 北极燕鸥在繁殖期主要栖息在大洋沿岸，非繁殖期则主要生活在岛屿和浮冰上。

北极的 "企鹅" ——厚嘴海鸦

　　厚嘴海鸦也叫 "海鸟"，属于海雀科，因体貌与企鹅非常相似，又像企鹅那样善于游泳，所以又被称为 "北极的企鹅"。

伪企鹅造型

　　厚嘴海鸦是现存体形最大的海雀科海鸟，体长在 40 厘米左右，头部、背部、喙部为黑色，其余部分体色为白色。这样黑白分明的造型让厚嘴海鸦看起来与企鹅非常相似。厚嘴海鸦的翅膀非常发达，翼展约为 75 厘米，不仅可以让厚嘴海鸦在天空自由翱翔，还可以当作船桨让厚嘴海鸦畅游海洋。

生活习性

厚嘴海鸦是群居性鸟类，喜欢在海岸旁的悬崖上筑巢。它们潜入大海中捕食时，3 分钟就能潜泳 90 多米；折返水面时，通过将吸聚在羽毛中的空气喷射出去，产生强大推力，进而飞速返回水面。

繁殖特点

繁殖期间，厚嘴海鸦产卵 1 次，每次产卵 1 枚。卵孵化后，小厚嘴海鸦成长速度很快，出生 3 周左右时就会从高高的山崖上跳入大海。成年雄性厚嘴海鸦会随着小厚嘴海鸦一同跳入大海，对小厚嘴海鸦加以保护，教它们游泳和捕猎技能。

厚嘴海鸦的近亲

大西洋海域的笼头海鸦是海雀科海鸦属的一个变种，是厚嘴海鸦的近亲。这个变种在繁殖期会出现眼环——眼部后面长出纤细的白色条纹。

回澜·拾贝

迁徙　厚嘴海鸦在春季由北大西洋迁徙至北极地区，秋季由北极地区向南迁徙。

奇特的蛋　厚嘴海鸦的蛋呈梨状，这样不会轻易从悬崖上滚落。

冰雪世界的鹦鹉——北极海鹦

北极海鹦属于海雀科，是北极地区特有的珍禽。它们冬季栖息在海洋上，到了繁殖期就会回到岛屿或陆地，筑巢于草丛或悬崖上。它们常成群飞翔于海边，以鱼类为食。北极海鹦体表色彩鲜艳，被认为是"冰雪世界里的鹦鹉"。

美丽的外形

北极海鹦体长约为35厘米，头部浑圆，嘴喙较大，嘴部呈红、黄、灰3种颜色，背部羽毛通常为黑色，腹部是雪白色，脚呈朱红色。它们外表色彩斑斓且对比鲜明，十分美丽，深受人们喜爱。

种群状况

19世纪以前，北欧地区曾生活着大量的北极海鹦，但是随着环境的改变，北极海鹦的数量大幅度减少。目前，北极海鹦已成为世界上数量最少的鸟类之一。

北极海鹦的同类成员

簇绒海鹦和角海鹦是北极海鹦的同类成员。簇绒海鹦又被称为"花魁鸟"，主要分布在美国阿拉斯加州、挪威的沿海区域，体态优美，是稀有的观赏鸟类。角海鹦主要生活在挪威北部沿海地区，体表颜色对比鲜明，鲜艳绚丽，如鹦鹉一般美丽可爱。

回澜·拾贝

繁殖区域 北极海鹦的繁殖区域包括冰岛、挪威、格陵兰岛、纽芬兰和北大西洋诸多岛屿，以及缅因州西部和不列颠群岛东部的海域。

保护措施 为了保护濒于灭绝的北极海鹦，瑞典组织了一个捕猎队，将某一岛上袭击北极海鹦的水貂捕光。

角海鹦

簇绒海鹦

极地绒球——绒鸭

绒鸭是一类大型的海鸭，主要分布在北极地区的海岸和沿岸岛屿上。绒鸭品种较多，如欧绒鸭、冰岛绒鸭等。有些品种的绒鸭数量稀少，部分绒鸭甚至已经绝种。多数绒鸭在冰雪覆盖的海岸上繁殖。冬天，它们会迁移到法国、新英格兰和阿留申群岛过冬。

外形特点

绒鸭体大膘肥，身上的绒毛柔软细密，看上去就像绒球。雄绒鸭有着颜色分明的羽毛，头顶、体侧、腹部和尾巴呈黑色，头和颈的侧面呈绿色，翅膀上的羽毛黑白相间。雌绒鸭和幼绒鸭体色简单，主要特点是褐色翅膀上布满黑色条纹。

生活习性

绒鸭除夏季在结冰的海岸繁殖外，其余大部分时间在海洋中漂流。它们喜欢在浅水区自由游动，从海底获取食物。它们有很好的潜水技能，可以潜到数十米的大海深处。

绒鸭的繁殖

夏季，北极地区部分冰雪消融，岛屿被海水环绕。这时，绒鸭就会在岛屿上筑巢繁殖。雌绒鸭通常会产下 1～10 枚蛋，并且将它们孵化。在孵化期，雌性绒鸭很少离开巢穴。孵化出小绒鸭后，雌绒鸭会带着它们到海边嬉戏，捕捉食物。

顶级的羽绒

冰岛绒鸭身上的绒毛非常浓密，并互相粘连，所以这种鸭绒的隔热性比普通鸭绒的强。用其制成的被子不但轻盈、保暖，而且具有优良的弹性，因此这种鸭绒在欧洲被人们誉为"顶级的羽绒"。

回澜·拾贝

绒鸭的食性 绒鸭大部分食物来源于海底，主要包括软体动物、蠕虫、甲壳动物等，也包括藻类等海洋植物。

机警的冰岛绒鸭 冰岛绒鸭警惕性很高，一旦意识到巢穴已被人类发现，就不会再到原处筑巢。

视死如归的小不点——旅鼠

旅鼠是生活在北极地区的一种小型群居性鼠类，是世界上已知的繁殖力最强的哺乳动物之一。它们的数量在特定的时间会大增，就像是天兵天将突然而至，所以因纽特人称其为"来自天空的动物"，而斯堪的纳维亚地区的人们则称之为"天鼠"。

生活习性

旅鼠是一种可爱的小型鼠类，有迁徙行为。旅鼠体形椭圆，腿短，耳小，毛软。成年旅鼠身长（不加尾巴长度）只有 10 ~ 18 厘米，主要以植物的种子为食，偶尔也捕食小型昆虫。

会变色的毛

旅鼠长有柔软的毛，毛色通常呈浅灰色或灰黑色。有的旅鼠毛色在冬季时会变成白色，与冰天雪地融为一体，有利于它们躲避天敌。当种群达到一定数量时，旅鼠的毛色会变成显眼的橘红色，非常惹人注意。

奇怪的转变

　　旅鼠通常是胆小怕事的小家伙儿，整天躲躲藏藏。但是，当种群数量超过一定程度后，旅鼠就会发生奇怪的转变：它们会狂躁不安，停止进食，在地面上东奔西跑，对以前的天敌视若无睹，有时候甚至会主动攻击强大的天敌。更加奇怪的是，它们的体色由灰黑色变成鲜艳的红色或橘黄色，非常醒目。

集体自杀行为

　　当旅鼠种群数量超出一定数量时，旅鼠就会聚集在一起，形成大规模的旅鼠群，向着同一个方向集体迁徙。它们通常在白天休息和觅食，晚上披星戴月地前进，沿途有新成员不断加入，群体逐渐壮大，可以达数百万只。旅鼠群翻山越岭，直奔大海，在海崖上毫不畏惧，纷纷投入大海，直到全军覆没为止。

回澜·拾贝

　　强大的繁殖能力　旅鼠繁殖能力惊人，每年能生7～8胎，每胎可生12个幼崽，幼崽20多天即可成熟，并且开始生育。

　　周期性　旅鼠数量每隔3～4年就会剧增，一般持续1年后又开始下降。

冰河时期的幸存者——北极狼

北极狼又称"白狼",生活在北极地区,是目前世界上最大的野生犬科家族成员,主要分布在加拿大北部岛屿以及格陵兰岛北部海岸。

外形特征

北极狼在食肉目中体形中等,胸部狭窄,背部与四肢发达强壮,牙齿锋利。它们有厚厚的皮毛,毛色通常呈灰色、白色或黑色。这样的毛色使北极狼能够与周围环境巧妙相融,利于隐藏捕猎。

等级森严的狼群

北极狼是一种群居性动物,由一只强大的雄狼领导,有严格的等级划分。狼群首领具有绝对权威,是独裁者,也是守护领地的主力。等级最高的雌狼可以控制群体中所有的雌狼以及部分雄狼。每次捕获到猎物后,首领先享用美味,其他的狼则按群内等级依次进食。

荒凉的生存环境

北极狼生活在荒凉的苔原、河谷、冰雪高原地带，生活环境气候寒冷，最低气温可达 –50℃。北极狼不仅要长期忍受低温天气，还要忍受长达 5 个月的黑暗，在此期间经常数周没有食物。

捕猎方式

北极狼是肉食性动物，捕猎对象有驼鹿、鱼类、旅鼠、海象和兔子等，偶尔也攻击人类。捕猎时，整个狼群协同作战，雄性首领负责指挥；它们会选择弱小或年老的动物作为猎取对象。狼群通常会从不同方向包抄猎物，时机成熟时突然发起进攻。如果猎物逃跑，狼群会分成梯队，轮流作战，直到将猎物成功捕获。

回澜·拾贝

出色的猎手　北极狼追逐猎物的速度可达每小时 65 千米，冲刺时一步可以跨越 5 米多。
团结互助　在北极狼幼崽成长期，狼群里的成员会协助母狼共同照顾幼崽，非常团结。

北极的"珍珠"——北极狐

北极狐又称"蓝狐"或"白狐",活动在北极地区,是一种群居性动物,有迁徙行为,善于捕鼠。北极狐皮毛珍贵,堪称北极的"珍珠"。

外形特征

北极狐体形较小,面部狭小,颊后部长有长毛,吻部很尖,耳短小且呈圆形。它们的四肢较短,脚底长有浓密的长毛。另外,它们的尾部较长且毛较蓬松,尾尖呈白色。北极狐毛皮长且柔软,绒毛浓密,针毛较少。冬天毛色为纯雪白色,春天至夏天逐渐转变为青灰色,夏季毛色变为灰黑色。

生活习性

北极狐狐群的雌狐间有严格的等级划分,强大的雌狐可以支配其他雌狐。北极狐具有较强的领地意识,同一族群成员共享一块领土,不同族群占有不同的领地,互不侵犯。

迁徙的北极狐

北极狐在冬季将来临时离开巢穴，迁往温暖的地方；第二年夏天迁回巢穴。北极狐善于长距离的行程，能以每天 90 千米的速度连续行进数天。这样的速度使它们能够在数月时间内从太平洋沿岸迁徙到大西洋沿岸。

捕鼠能手

北极狐主要的食物是旅鼠，也包括鱼类、乌类、鸟蛋、浆果和北极兔等。捕鼠时，北极狐会跳起来猛扑过去，准确地把旅鼠按住，然后一口吞掉。北极狐发现旅鼠的窝时，会迅速地将旅鼠窝上面的雪清理掉，然后突然跃起，借着跃起的力量压塌鼠窝，最后将旅鼠捕获。

回澜·拾贝

彩色北极狐 北极狐的突变品种，如影狐、北极珍珠狐、北极蓝宝石狐等，统称为"彩色北极狐"。

林中的"四不像"——驯鹿

驯鹿是一种以野生为主的鹿科动物，头上长着特色鲜明的鹿角，因而又叫"角鹿"。驯鹿主要分布在北半球的环北极地区，包括亚欧大陆北部、北美洲北部及北冰洋上的一些大型岛屿。驯鹿是鹿科动物中数量最多的种，寿命可达 20 年。

外形特殊的驯鹿

驯鹿体形中等，头长而直，五官偏大，耳朵短小像马耳，额头微凹；脖子较长，肩略隆起，背腰又平又直；蹄子大而宽阔，掌面宽，是鹿类中最大的；雌鹿和雄鹿都有角，角干向前弯曲，各枝有复杂的分叉；毛发颜色因亚种、性别的不同而有所不同，主要有褐色、灰白色、花白色和白色。

生活习性

驯鹿通常栖息在寒温带针叶林中，主要食物是石蕊，也会采食问荆、蘑菇以及一些木本植物的鲜嫩枝叶。驯鹿繁殖期间每次产 1 只幼崽，偶尔产两只。幼小的驯鹿生长速度很快，是多数哺乳动物无法比拟的。幼崽产下两三天就可以跟着母鹿一起赶路，一个星期之后就能像父母一样跑得飞快，时速可达 48 千米。

大迁徙

　　驯鹿每年都会进行一次长达数百千米的大迁徙。春季，鹿群离开越冬的亚北极地区，沿着亘古不变的路线北迁。整个迁徙过程由雌鹿打头，雄鹿紧随其后，秩序井然，匀速前进。当遇到狼群或猎人的袭击时，鹿群会飞速奔跑起来，场面甚为壮观。迁徙的过程中，驯鹿会换掉冬季毛，生出薄薄的夏季毛。

回澜·拾贝

　　独特的角　　雄驯鹿和雌驯鹿头上都长角，鹿角分枝繁复，可超过30个叉。

　　东北驯鹿　　中国大兴安岭东北部的林区是中国唯一有驯鹿繁衍的地区，当地鄂温克族用驯鹿作为交通工具。

身穿长毛披风的"牛魔王"——麝牛

麝牛又名"麝香牛"，分布在北极地区，是分布地区最北的偶蹄类动物。因毛皮很好，它们曾被大量猎杀，几乎灭绝，后经过保护，种群数量有所恢复。

外形特征

麝牛体形较大，四肢短而壮，蹄子宽大，尾巴短小，雌雄都长有角。它们通体长有暗棕色长毛，躯干背部的毛色稍浅且呈鞍形，颈背至肩部有超过 30 厘米长的微卷鬣毛，像披风一样下垂。麝牛的毛分成两层，上层针毛坚韧耐磨，可防雨雪；针毛下面是厚绒毛，保暖和防潮性能都很好。

麝牛的栖息环境

麝牛主要生活在北美洲北部、格陵兰等北极地区。它们夏季通常出没于河谷和湖边等潮湿低地；冬季到来后，为了觅食方便，它们将阵地转移到较高的山坡、高原等地方。

团结抗敌

麝牛是一种群居性动物，群体组织有序。当狼和熊等天敌出现时，麝牛临危不乱，快速形成防御圈，健壮的成年雄性麝牛站在最外围，肩并肩把幼牛围在中间加以保护；勇敢的麝牛有时也会冲出防御圈主动向入侵者发起进攻。

残忍的捕杀者

欧洲人进入极地后，大量捕杀麝牛。捕杀者先派出猎狗激怒麝牛，等麝牛群体形成防御圈后用枪逐个射杀。

悠闲的进食方式

麝牛主要以草和灌木为食，在冬季也会采食苔藓类植物。麝牛的进食方式很特别：它们通常吃一点食物后就躺在地上细嚼慢咽，随之就会闭目养神；等稍微清醒一点，它们再前进一段距离吃点食物，接下来是反刍、打瞌睡。这样的进食方式可以减少能量消耗，降低食物需求量。

回澜·拾贝

麝香牛 麝牛在外形上像牛。雄性麝牛因为在交配季节会发出一种类似麝香的气味，所以也被称作"麝香牛"。

另类的角 牛的角通常从头顶侧面长出，但麝牛却和羊类一样，角是从头顶上长出的。

冰雪世界的猫头鹰——雪鸮

雪鸮又名"白鸮"，生活在北极的冻土和苔原地带，通体雪白，是一种独特的大型猫头鹰。雪鸮是一种迁徙性鸟类，生活方式与其他猫头鹰相比有很多不同之处。

洁白的猛禽

雪鸮一般通体呈白色，带有褐色斑点；头部又圆又小，没有耳状羽簇，喙坚硬且钩曲，被须状羽遮盖；脚强健有力，爪大且锋利，跗跖和趾长有白色绒羽。雪鸮性情凶猛，主要以旅鼠、野兔等为食。

独特的生活方式

雪鸮是独居且具有领地意识的鸟类。大部分猫头鹰生活在树上，但因北极地区树木少见，所以雪鸮在岩石上筑巢。与其他昼伏夜出的猫头鹰不同，雪鸮通常在白天完成觅食活动。

敏锐的感官

    雪鸮具有出众的视觉，眼睛含有很多聚光细胞，能够观察到远处的小物体，对距离的判断能力也很强。除了出众的视觉，雪鸮的听党也非常敏锐。在昏暗的环境中，它们能够仅凭声音识别猎物的踪迹，完成捕猎。

求偶表演

    雪鸮的求偶过程是复杂精美的飞行表演，分为空中表演和地面表演两部分：在进行空中表演时，雄雪鸮用喙叼着或双爪抓着岩雷鸟作为送给雌雪鸮的礼物，并不断变换飞行姿势，随后不断高飞，最后以垂直降落的方式优雅地结束；在进行地面表演时，雄雪鸮背对雌雪鸮呈直立状态，然后低下头，尾羽展开呈扇形，身体尽可能地贴近地面飞行。

回澜·拾贝

    鸣叫声   雪鸮叫声多变，可以发出多种不同的声音。

    迁徙   雪鸮是一种冬候鸟，夏季栖息于北极的苔原、丘陵、海岸和沼泽等地，冬季向南迁徙。

北极的原始居民——因纽特人

因纽特人一般居住在格陵兰岛、美国阿拉斯加州、加拿大和俄罗斯北部等地区，以渔猎为生，仍旧保留着很多独特的风俗习惯。

坚韧不拔的民族

因纽特人原属于亚洲人种。大约在 1 万年前，他们从亚洲穿越白令海峡到达美洲北部。因纽特人的居住地气候寒冷，环境恶劣。他们不仅要抵御酷寒和暴风雪，还要忍受漫长的黑夜。为了生存，他们经常在漂浮不定的浮冰上挣扎。为了捕食猎物，他们要在波涛汹涌的大海中凭借古老的工具与体形庞大的鲸搏斗，还要用原始的方式与凶悍的北极熊较量。虽然生存环境艰苦，但勇敢而坚韧的因纽特人从未屈服。

独特的婚俗

因纽特人遵从一夫一妻制，但结婚较早。一般情况下，女子在 13 岁、男子在 16 岁时就要成婚。青年男女表达爱慕的方式比较独特，如相互碰撞和摩擦鼻子。因纽特人还有着"抢婚"的习俗：男女定情后，男方会在恰当的时机抢走女方，若抢婚成功则意味着婚姻关系的确立。

民族文化

历史上，因纽特人和印第安人曾是邻居，并且存在一些矛盾。印第安人将因纽特人称为"爱斯基摩人"，在印第安语中意为"食生肉者"。实际上，因纽特人吃生肉是因为他们生存的地区缺少植物，人体无法摄取足够的维生素，而若把肉煮熟，就会丧失肉内的大部分维生素。

北极原住民

北极的原住民除了因纽特人，还包括阿留申人、鄂温克人、萨米人、楚科奇人等。

回澜·拾贝

皮划艇 因纽特人的皮划艇独具特色，框架由木头做成，表面覆有动物皮，船体轻盈且防水性好。

北极的城市

北极虽然气候寒冷，但并不像南极那样人迹罕至。在北极圈内，有很多魅力无限的城市。它们不仅拥有现代社会的繁荣，还拥有独特的北极风采。

俄罗斯不冻港——摩尔曼斯克

摩尔曼斯克位于科拉半岛东北部，靠近巴伦支海的科拉湾，在北大西洋暖流的影响下终年不冻，是俄罗斯通向北极地区的重要门户。摩尔曼斯克一年中约有持续 45 天的极夜和 60 天的极昼。

挪威最北端的城市——特罗姆瑟

特罗姆瑟位于挪威北部的特罗姆斯郡，是挪威北部最大的城市。特罗姆瑟市中心分布着挪威北部数量最多的木屋，当地还有极光观测所和多个高等学府。该市文化底蕴深厚，艺术气息浓烈，是北极观光旅游的首选之地。

加拿大西北小镇——因纽维克

因纽维克地处北极圈内，是加拿大西北地区的一个城镇，有持续 56 天的极昼和 30 天的极夜。小镇所处地区海拔较低，最低海拔仅有 10 米。因纽维克盛产石油和天然气。这座小镇虽然规模小，但基础设施相对完善，可以满足一般旅游需求。

冰雪城堡

芬兰中心地带——凯米

凯米位于芬兰的中心地带，是一座典型的北极城市。这里冬季漫长且寒冷，可以观赏到绚丽多彩的极光和撒满天空的星星。凯米拥有令人向往的破冰船探险旅游项目。在这个城市中，游客除可以参加破冰船之旅，还可以参加热闹的冰雪堡垒节。

回澜·拾贝

基律纳 基律纳位于北极圈以北145千米处，是瑞典的主要旅游城市。

雷克雅未克 雷克雅未克是冰岛的首都，接近北极圈，是全世界各国首都中所处位置最北的首都。

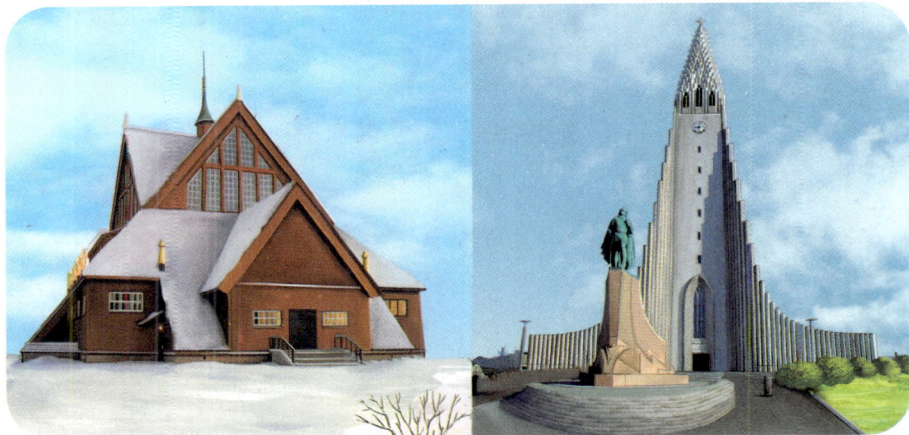

北极属于谁

北极地区资源丰富，而且具有重要的战略意义。世界上很多国家希望将北极据为己有。自20世纪中叶开始，各国就北极的主权归属展开了激烈的争抢。

激烈的主权之争

20世纪中叶，加拿大宣布北极归其所属，引起其他国家抗议。21世纪，北极主权问题已成为热点。2003年，丹麦宣布拥有一个北极小岛的主权，遭到加拿大抗议；2004年，加拿大在北极争议区进行名为"独角兽行动"的军事演习；同年，丹麦宣布对北极冰下一条山脉的资源享有权益；2007年，加拿大派兵巡逻北极且进行大规模反恐演习，遭到美国指责；同年，俄罗斯宣布享有对北极大面积区域的所有权，引起巨大争议。

国际法律条约

根据《联合国海洋法公约》的相关规定，北极点及其附近区域不属于任何国家，北极点附近区域属于国际范围，北极点周围的北冰洋属于国际海域，各环北极国家只拥有领海外围200海里的专属经济区。

环北极国家

位于北冰洋外围且领土自然延伸到北极地区的国家，包括加拿大、丹麦、芬兰、冰岛、挪威、瑞典、俄罗斯和美国。

回澜·拾贝

斯瓦尔巴群岛　斯瓦尔巴群岛归挪威所有，但永久非军事化。

北极理事会　北极理事会是环北极国家组成的政府间论坛，旨在保护北极环境，促进北极持续发展。

PART 4

人类与极地

　　自古以来，人们对极地的探索脚步就从未停止。人们找到了神奇的南极大陆，征服了南极点，踏上了北极的土地，建立起考察站，探索极地对地球的重要作用。为了与极地共同繁荣，人们应该合理开发、保护极地。

向南极进发

自从南极大陆被人类世界所知后，人类对它的探索脚步就从未停止。人们不仅征服了南极点，还在冰天雪地里建造了一座座科学考察站。

发现南极大陆

18 世纪开始，各国探险家纷纷远航寻找南方大陆。1739 年，法国航海家布韦发现了南极大陆附近的一个岛屿，即现在南极大陆附近的布韦岛；1772—1775 年，英国库克船长环南极航行时多次进入南极圈，但未发现陆地；1819 年，俄国探险者别林斯高晋率两艘船在南极圈附近发现两个岛屿；1823 年，英国人威德尔创造了当时南下最高纬度纪录……这些勇敢的探险者逐渐揭开了南极大陆的神秘面纱。

布韦岛

布韦岛是南大西洋的一个孤立火山岛，是世界上距大陆最远的岛屿之一，岛上建有捕鲸站和自动气象站。该岛于 1739 年由法国人布韦首次发现，当时被命名为"瑟库姆锡兴角"。

南极考察活动

19世纪40年代，英、法、美等国的船队考察了南极大陆部分地区，发现了罗斯海、阿德利地等区域。真正有组织的国际南极考察始于19世纪80年代。特别是在1957—1958年，即国际地球物理年期间，许多国家对南极地区展开了大规模的考察。人类在南极大陆逐步建立起规模宏大的观测站网，各国间合作成立了南极研究科学委员会。此后，南极科学考察开始有序发展。

南极点征服战

20世纪初，探险家们向曾经不可战胜的南极点发起挑战。1911年12月14日，挪威的阿蒙森率领队员登上南极点，成为征服南极点的第一人；一个月后，英国的斯科特及其队员成功到达南极点。1928年，英国的威尔金驾驶飞机飞越南极半岛。1929年，美国人伯德驾机飞越南极点。同年，美国的艾尔斯沃斯驾机由南极半岛顶端飞至罗斯冰架。

阿蒙森—斯科特南极站

为纪念阿蒙森和斯科特，美国于1958年在南极建立起阿蒙森—斯科特南极站，为南极的科考研究提供帮助。

中国的南极考察

　　1979 年初，中国新华社记者随智利考察团首次到南极采访。1981 年，中国正式成立"国家南极考察委员会"。随后，中国多次派出科技人员随澳大利亚、新西兰、阿根廷和智利等国的考察队到南极进行科学考察。1984—1985 年，中国在乔治王岛上建立起中国南极长城站，这是中国第一个南极考察站。长城站的建成标志着中国进入南极考察事业的新阶段。

中国南极长城站

南极科学考察站

　　南极科学考察站是建立在南极洲的科学研究站，负责为科考队员提供多种帮助和服务。目前，南极的科学考察站大部分建在南极大陆沿岸或海岛的夏季露岩区。另外，美国、俄罗斯以及中国等国家在南极内陆冰原上建立了常年科学考察站。

新拉扎列夫站（俄罗斯）
青年站（俄罗斯）
长城站（中国）
帕默站（美国）
中山站（中国）
泰山站（中国）
塞普尔站（美国）
昆仑站（中国）
和平站（俄罗斯）
阿蒙森—斯科特站（美国）
东方站（俄罗斯）
麦克默多站（美国）
俄罗斯站（俄罗斯）
秦岭站（中国）
圣彼得堡站（俄罗斯）

中国南极泰山站

　　泰山站位于中山站与昆仑站之间，是一座夏季科学考察站，能够为中国南极科学考察提供更加便利的条件。

中国南极泰山站

南极科考站的分类

南极科学考察站可分为 3 类：常年科学考察站，为了长期开展南极综合性考察而建立，站上设备完善，建筑物较多；夏季科学考察站，设备、建筑都较简易，供考察队在夏季宿营和工作，严冬关闭；无人自动观测站，无科考队员居留，自动进行气象观测。

中国无人自动观测站

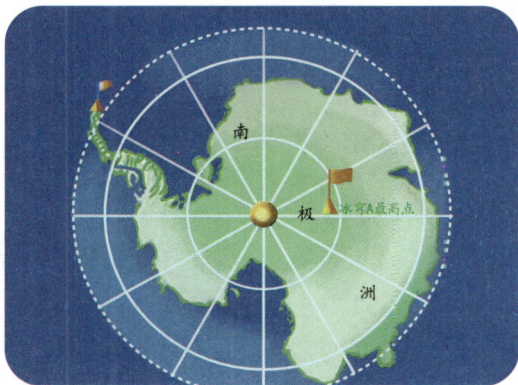

回澜·拾贝

海拔最高的南极科考站　中国昆仑站位于海拔4093米的南极"冰盖之巅"，是目前海拔最高的南极科学考察站。

不可接近之极　位于东南极中心的冰穹A被称为地球上的"不可接近之极"。

踏上北极的土地

北极遥居于地球之北，千百年来人类对它的幻想与憧憬从未停止。通过不断的努力，探险家们踏上了北极的土地，征服了北极点，在冰封的海洋里开辟出了新航道。北极也不断展示它的独特魅力，迎接人类的探索。

星星与北极圈

古希腊人发现天上的星星可以分为两组，一组是常年可见的北方星体，另一组是循环出现的南方星体。两组星星以大熊星座所画的圆作为分界线，而这个圆形分界线正好对应北纬 66° 33′ 的纬线圈，即北极圈。

大熊座

海盗埃里克与格陵兰岛

埃里克是一名挪威海盗，也是格陵兰岛的发现者。埃里克在当时属于挪威辖区的冰岛上连续两次杀人后被驱逐出境。他携带家人驾船离开，经过艰苦漫长的航行后，发现了一片陆地。他和家人在那里定居，并将那片土地美称为"格陵兰"。随后，一些冰岛移民陆续来到这片土地。

传说中的航道

北极航道包括加拿大沿岸的"西北航道"和西伯利亚沿岸的"东北航道",因为常年冰封而被人们称作"传说中的航道",开辟非常艰难。历史上,人类为打通东北航线和西北航线不断展开探险活动的时期被称作"北极航线时期",这一时期持续了400年左右。16世纪,欧洲探险家展开了长达两个多世纪的航道探险,无数人为此葬身冰海。直到1879年,探险家诺登舍尔德率领"维加"号第一次通过大西洋和太平洋的东北部,成为北冰洋东北航线的开拓者。20世纪上叶,挪威探险家阿蒙森历时3年首次打通了西北航道。

冲刺北极点

1909年4月,美国探险家罗伯特·皮尔里徒步到达北极点,将美国国旗插在北极点的海冰上。1937年,两个苏联人乘飞机第一次在北极点降落。1958年,美国潜艇"鹦鹉螺"号第一次冲破冰层,在北极点浮出水面。1968年,美国的一名探险家乘雪上摩托到达北极点。1977年,苏联破冰船"北极"号第一次破冰斩浪,航行到北极点。1978年,日本探险家植村独自驾着狗拉雪橇到达北极点,是第一个到达北极点的亚洲人。这次探险也是人类历史上第一次独自一人到达北极点的探险。

罗伯特·皮尔里

开往北极点的破冰船

2007 年，游客已经可以乘坐破冰船前往北极点。俄国的"五十年胜利"号核动力破冰船是世界上知名的进行商业运营的破冰船，也是世界上最先进的核动力破冰船，船上有 64 个客舱，可搭载 128 名旅客，主要在西伯利亚北部海域执行科考和北极观光运输任务。

北极科学考察

1957—1958 年的国际地球物理年后，人类对北极展开了大规模科学考察。当时，多个国家在北冰洋沿岸建立起 54 个陆基综合考察站，并在北冰洋中建立了许多浮冰漂流站和无人浮标站，来自 12 个国家的诸多科学家在北极进行了大规模、多学科的考察与研究。随后，北极的科学考察进入科学化、国际化阶段。

北极现状

　　20 世纪 50 年代以后，人类对北极的科学考察和研究越来越频繁，北极地区的石油、天然气、煤炭、铁矿等资源被进一步发现和开采。这些活动严重影响了北极的自然环境。北极附近气温上升的速度比地球上其他地区快得多，导致北极冰川的快速融化，将给人类带来巨大灾难。因此，保护北极、合理开发北极尤为重要。

回澜·拾贝

　　探险者毕则亚斯　　希腊人毕则亚斯在 2000 多年前勇敢地从现今法国马塞扬帆起航，向北极进发，用了约 6 年时间到达今冰岛附近。

中国在极地的足迹

中国自 20 世纪 80 年代开始考察南极。随着综合国力和科技水平的提高，中国对极地的考察逐渐深入，考察足迹遍布南极和北极。

向南极进发

1984 年 11 月，中国的第一支南极考察队从上海乘"向阳红 10"号出发。考察队由来自全国 60 多个单位的 519 人组成。考察队员们经过 20 多天的海上航行，在 12 月到达南极洲，登上南设得兰群岛的乔治王岛，五星红旗第一次飘扬在南极洲上空。考察队进行了不同学科、诸多项目的考察，并取得突破性的成绩。

乔治王岛

乔治王岛面积约为 1160 平方千米，是南设得兰群岛中最大的岛，分布有不同国家的多个考察站。

中国南极长城站

中国南极长城站

中国南极长城站位于乔治王岛西部的菲尔德斯半岛，是中国在南极建立的第一个常年性科学考察站。中国南极长城站奠基典礼于 1984 年 12 月隆重举行，于 1985 年 2 月成功建成。它的建立为中国南极考察提供了有力保障，标志着中国南极科考进入新的发展时期。

"极地"号南极考察船

"极地"号是中国的第二代极地考察船。在 1986 年中国第三次南极考察中，考察队乘该船向南极进发。1987 年，考察队完成长城站扩建和科学考察任务后乘该考察船回国。"极地"号于 1994 年退役，服役期间共完成 6 个南极航次的运输及考察任务。

海拔最高的南极科学考察站

继中国南极长城站、中山站建成后，中国南极昆仑站于 2009 年 1 月竣工。它位于南极内陆冰盖最高点西南方向约 7.3 千米处，是中国首个南极内陆考察站，也是目前海拔最高的南极科学考察站。

中国南极昆仑站

北极上空的五星红旗

　　1991 年 9 月，执行国际北极海洋考察任务的德国调查船"北极星"号抵达北极点，供职于该船的 3 名中国人把一面中华人民共和国国旗插上北极点。1993 年 4 月，香港女士李乐诗乘飞机到达北极点，迎风展开了一面五星红旗，成为第一个登上北极点的中国女士。1995 年，中国首次以民间集资的方式对北极进行考察，由多名科学家和记者组成的考察队从加拿大进入北极，通过徒步方式由冰面到达北极点，升起了中华人民共和国国旗。

中国北极科考队

"雪龙"号和"雪龙 2"号极地考察船

　　"雪龙"号极地考察船是目前中国最大的极地考察船。1999 年 7—9 月，"雪龙"号搭载着中国北极考察队员首航北极，对北极进行了综合考察。截至 2018 年 10 月，这艘科学考察船已完成 9 次北极科学考察与补给运输任务。2020 年 4 月 23 日，中国第 36 次南极考察的"雪龙"号和"雪龙 2"号船已返回上海国内基地码头，标志着中国南极考察暨首次"双龙探极"圆满完成。

中国首个北极科学考察站

中国北极黄河站位于挪威斯匹次卑尔根群岛的新奥尔松，2004年7月竣工后成为中国首个北极科考站，是继南极长城站、中山站后的第三座极地科考站。北极黄河站设备完善，是目前全球极地科考站中拥有规模最大的空间物理观测点的科考站。

回澜·拾贝

第一次驶入南极圈　　1985年1月24日，中国"向阳红10"号科学考察船进入南极圈，这是中国科学考察船第一次驶入南极圈。

世界首个极地考察船专用码头　　2008年7月，中国极地科考码头在上海正式竣工使用，成为世界首个极地考察船专用码头。

"雪龙2"号　　"雪龙2"号是全球第一艘采用艏艉双向破冰技术的极地科考破冰船，为国际极地主流的中型破冰船型。

极地研究的意义

　　极地蕴藏着丰富的自然资源，对全球的气候有着重要的调节作用。对极地的科学研究不但体现了一个国家的综合国力和科技发展水平，而且对全球的气候变化、科学探索以及各国的经济和军事发展也具有重大意义。

科学探索圣地

　　地球的南北两极地理位置特殊，蕴藏着很多未解之谜。世界上许多重大科学研究在极地取得突破性进展。例如：2014 年，中国科考人员获取了冰下基岩的冰芯，对研究地壳的形成和演变具有重要作用。此外，两极也是地球与外太空星体联系的重要窗口。

　　南极与北极是地球的两大冷源，是全球气候变化的驱动器，影响着全球的冷暖变化过程。以中国为例，中国冷空气的主要来源地是北极，这些冷空气通常会严重影响中国的工农业生产和人民生活。研究极地可以让人类更好地把握气候变化规律，减少气候改变带来的不利影响。

两极的巨大财富

南极与北极蕴藏着丰富的资源，经济意义重大。北极地区拥有丰富的石油、天然气、煤炭、铁矿等资源。南极地区则拥有世界上最大的铁山和煤田，还有产量巨大的海洋生物资源和油气资源。对两极的合理开发利用，将成为世界经济发展的巨大动力。

俄罗斯开采北极石油

军事必争之地

两极蕴藏着十分重要的战略资源——稀有元素资源。此外，北极地理位置优越，是联结亚、欧、北美三大洲的战略要地，拥有联系三大洲的最短航线，是军事必争之地。

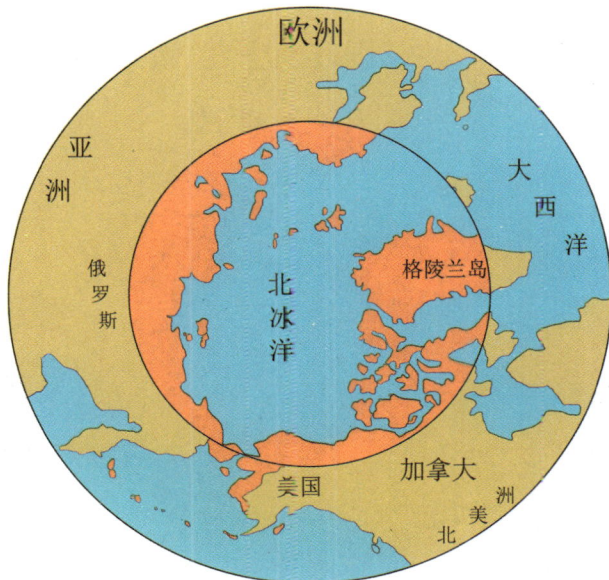

欧洲

亚洲

俄罗斯

大西洋

格陵兰岛

北冰洋

美国

加拿大

北美洲

回澜·拾贝

冰层下的生命 南极大陆的陆地和冰层间分布着数百个湖泊。科学家们在寒冷幽暗的湖水里发现了存活的细菌，这一发现有助于科学家们进一步了解生命如何在其他星球上存活。

中国极地研究 中国自1984年首次南极考察至今，取得了举世瞩目的科研成果，成为国际极地组织的正式成员国。

极地冰川在哭泣

随着全球气候变暖，两极冰川正在迅速融化。如果冰川的融化速度持续加快，部分沿海地区将面临被海水淹没的威胁。

不可逆转的融化——南极冰川

人类的工业活动和化学燃料的燃烧制造了大量温室气体，影响了南极洲的气候，加快了南极冰川的融化速度。南极西部区域的冰川已经进入不可逆转的融化状态。

北极冰川急剧减少

北极冰川数量正在急剧减少，这将降低北极对阳光的反射能力，进一步加速冰层融化。一项研究发现，如果冰川继续以如今的速度减少，以后几年轮船或许在夏季能够通过开阔水面航向北极。

冰川融化的后果

两极冰川融化将直接导致海平面上升。在过去的 1 个世纪里，冰川的融化使全球的海平面上升了 10 ～ 20 厘米。如果南北极冰川全部融化，海平面将上升约 60 米，很多地区将变成汪洋大海。冰川是地球上最大的淡水资源库，冰川的融化将导致淡水资源减少，从而使部分地区受到干旱威胁。冰川是极地动物的栖息地，很多珍稀动物会因为冰川的融化而濒临灭绝。此外，冰川下封藏着很多病毒，如果这些病毒随冰川的融化被释放出来，将给地球生物带来巨大的生存危机。

回澜·拾贝

最大淡水水库 冰川是地球上最大的淡水水库，储存着全球约70%的淡水资源。

融化最快的冰川 史密斯—科勒冰川是目前融化速度最快的冰川，在过去的20年里已经融化退缩了34～37千米。

接地线 指冰川接地部分与浮在水面部分的分界线。

极地保护进行时

　　南极和北极对人类未来的发展有重要意义。随着人类在两极愈加频繁地开展活动和全球气候变暖，两极地区环境已遭到破坏，影响到一些极地生物的生长和繁殖，保护极地刻不容缓。目前，很多国家制定了相关的法律，并采取了相关的措施，用以保护极地。

急需保护的两极环境

　　两极环境频繁遭到人类破坏，两极冰川融化已成为全球性问题，如果不加以保护，人类将自食苦果。人类对北极自然资源的大肆开采以及工业活动的扩张已经使北极不堪重负，北冰洋浮冰正在快速减少；北极熊等珍稀动物因栖息地被破坏，面临种族灭绝的威胁。温室气体的排放使南极出现臭氧层空洞，将给全球环境带来重大影响。

保护极冰的重要性

极冰的变化不但会影响两极的动植物，而且会影响全球生态系统的平衡。两极地区是全球气候系统的冷源，与作为全球气候系统热源的赤道地区遥相呼应，共同调节全球的气候变化。此外，北极地区冰雪覆盖面积是影响北半球大部分地区降水的重要因素。因此，保护两极环境就是保护人类自己。

南极保护有举措

为了保护南极的生态环境，各国间订立了相关条约以规范人类在南极的行为。在南极，各国科学考察队员会将火柴棍、烟头等污染物带回垃圾存放处，对于含有重金属的废旧电池会单独放置。在南极几乎看不到人为留下的垃圾。此外，国际南极条约组织还禁止犬类进入南极，对南极环境的保护具有重要作用。

马尔代夫水下内阁会议

2009 年，马尔代夫总统和其他几名政府内阁成员在马尔代夫海域一处 4 米深的海底召开了世界上第一次水下内阁会议，呼吁人们减少温室气体的排放。

《南极海洋生物资源养护公约》

为了保护和合理利用南极海洋生物资源，加强对南极海洋生态系统的科学研究及国际合作，多个国家于 1980 年 5 月 20 日签署了《南极海洋生物资源养护公约》，公约框架下的南极海洋生物资源养护委员会负责制定保护南极海洋生物资源的相关措施和制度。

保护北极海鹦

北极海鹦是一种濒临绝种的北极鸟类。为了保护这种珍贵的鸟类，瑞典有关部门设立了专门的机构。该机构从法罗群岛引进 12 只北极海鹦的幼鸟，让它们自由繁殖。

人类对北极熊的保护行为

1972年，美国颁布法律，规定除了生存需要，人们禁止捕猎北极熊。1973年，北极圈内的国家，包括美国、加拿大、挪威、丹麦和苏联，联合签署了保护北极熊的国际公约。该公约限制北极熊捕杀和贸易行为，提出了保护北极熊栖息地以及各国合作研究北极熊的条款。

环保人员装扮成北极熊在伦敦地铁穿梭，呼吁人们保护环境

保护极地，从我做起

为了保护极地环境，我们对自然资源的开采和加工要合理有序，不能以污染甚至毁坏环境为代价来获取经济利益。同时，我们应该尊重并且保护两极地区的生物，杜绝过度捕捞，控制不合理的工业开发，不侵犯两极生物的生存空间。此外，我们要努力规范自己的行为，爱护周围环境，注重身边的环境治理和生态修复，不乱弃废物，为保护极地贡献力量。

回澜·拾贝

臭氧空洞　温室气体的排放使南极臭氧损耗严重，臭氧空洞面积约为2700万平方千米，将近北冰洋面积的两倍。臭氧层空洞的出现使太阳对地面的辐射增加，影响生物的生存。

南极海洋生物资源养护委员会　一个国际组织，其宗旨是保护南极周边海域的环境和生态系统完整性，保护南极海洋生物资源。

图书在版编目（CIP）数据

冰雪极地 / 盖广生总主编 .— 青岛：青岛出版社，2016.10（2022.8 重印）
（认识海洋丛书）
ISBN 978-7-5552-4677-0

Ⅰ.①冰… Ⅱ.①盖… Ⅲ.①极地 – 普及读物 Ⅳ.① P941.6-49

中国版本图书馆 CIP 数据核字 (2016) 第 230509 号

冰雪极地

	BINGXUE JIDI
书　　名	冰雪极地
总 主 编	盖广生
出版发行	青岛出版社（青岛市崂山区海尔路 182 号）
本社网址	http://www.qdpub.com
邮购电话	0532-68068026
策　　划	张化新
责任编辑	王春霖　宋　磊
美术编辑	张　晓
装帧设计	央美阳光
制　　版	青岛艺鑫制版印刷有限公司
印　　刷	青岛新华印刷有限公司
出版日期	2022 年 8 月第 2 版　2024 年 3 月第 7 次印刷
开　　本	20 开（889 mm × 1194 mm）
印　　张	8
字　　数	160 千
图　　数	180 幅
书　　号	ISBN 978-7-5552-4677-0
定　　价	36.00 元

编校印装质量、盗版监督服务电话：4006532017
本书建议陈列类别：科普／青少年读物